做自己的靠山

依赖型人格
自救指南

[西] 帕特里夏·拉米雷斯·洛夫勒 – 著

杨子莹 – 译

青岛出版集团 | 青岛出版社

CUENTA CONTIGO

© 2016, 2022, Patricia Ramírez Loeffler

© 2016, 2022, Penguin Random House Grupo Editorial, S.A.U.

Travessera de Gràcia, 47-49. 08021 Barcelona

山东省版权局著作权合同登记号：图字15-2025-31

图书在版编目（CIP）数据

做自己的靠山 / (西) 帕特里夏·拉米雷斯·洛夫勒
著 ; 杨子莹译. -- 青岛 : 青岛出版社, 2025. -- ISBN
978-7-5736-3252-4

Ⅰ. B848.4-49

中国国家版本馆CIP数据核字第2025HF8343号

ZUO ZIJI DE KAOSHAN

书　　名	做自己的靠山	
著　　者	帕特里夏·拉米雷斯·洛夫勒	
译　　者	杨子莹	
出版发行	青岛出版社	
社　　址	青岛市崂山区海尔路182号（266061）	
本社网址	http://www.qdpub.com	
邮购电话	0532-68068091	
策划编辑	周鸿媛　王　宁	
责任编辑	孔晓南	
装帧设计	今亮後聲 HOPESOUND 2580590616@qq.com	
制　　版	青岛千叶枫创意设计有限公司	
印　　刷	青岛乐喜力科技发展有限公司	
出版日期	2025年5月第1版　2025年5月第1次印刷	
开　　本	32开（889毫米×1194毫米）	
印　　张	7.25	
字　　数	145千	
书　　号	ISBN 978-7-5736-3252-4	
定　　价	49.00元	

编校印装质量、盗版监督服务电话：4006532017　0532-68068050
印刷厂服务电话：15376702107

献给我的公主，你出生时就带着折断的翅膀，却学会了用它们飞翔。你比任何人都飞得更高、更远、更坚定。你成长的环境，你小时候的与众不同，都没有给你提供半点帮助。你只能在逆境中成长，然后变得越来越坚强。你拥有的是责任、幸福和力量，你拥有的是眼前这个成熟、友善、见多识广的女人。逆境的存在只是为了教会人们如何克服它，而你就是我的榜样。你是一个"靠自己"的人。我将永远在你身边，为你奉献我的爱，甚至我的生命，以及你所需要的一切。谢谢你，我的爱女卡门，我们一起学到了多少东西，又享受了多少幸福的时光啊！

献给巴勃罗，你是我的生命之光，你的成熟和独特的生活方式每天都给我带来新的惊喜。我每一天都在向你学习。谢谢你的存在。为了我们共同经历的抗争和痛苦，为了那份希望，我要把它献给你，因为我们配得上这一切。我爱你。

献给那些女孩，你们的到来照亮了我的生命。如今，这光芒依旧璀璨耀眼。

前言

做好准备很重要,懂得等待更重要,然而抓住时机才是人生的重中之重。

——阿图尔·施尼茨勒

奥地利剧作家、小说家阿图尔·施尼茨勒的这句话很好地概括了本书的主旨。能否抓住时机,主要取决于我们自己。这本书鼓励读者学会对自己负责,增强自控力。

你有没有想过,之前取得的成功究竟在多大程度上取决于自己?如果你一事无成,那么阻止你实现梦想的又是何人?难道不是因为你自己不尽力而为,把时间和精力都用来找借口,频频给自己设限而导致的失败局面吗?

给自己设限、找借口、懒惰,以及"用最小的投入换来最大的回报"的观点阻碍了许多人实现梦想和获得幸福的脚步。他们花很多时间对自己想要的东西幻想,说自己想要这个、想要那个,却不想为之付出任何努力。也许他们的愿望还不够强烈吧?

在本书中,我将从内心世界出发,帮你实现你的目标。你的内心世界里有什么呢?其实比你想象的要多得多:学习能力、改变的可能性、价值观、意志力、才能、激情和情绪……

简而言之，你可以将认知方面的潜力转化为实际行动，让自己获得更好的感受。积极的经历会让你更有自信，让你意识到自己是一个可以不断前进的人，没有什么可以限制你的人生。诚然，我们内心也存在着恐惧、脆弱、失败的过往，令我们裹足不前的价值观，以及浇灭期待之火的批评自己的声音。在本书中，你将看到，以上这一切也是你人生路上行囊中的一部分，你必须学会分析、处理并克服它们，不能让它们成为你的负担，而是让它们持续为你增添力量。

在本书中，你将能找到激励你前进的动力，从此不再依赖别人的鼓励。你是否有过这样的经历：想锻炼身体却总希望有朋友陪伴，想成为球队的首发球员却只能被动地等待教练的选择，想提高英语水平却寄希望于公司为你支付学费……这样的想法只会让你离原本的目标越来越远。为什么呢？因为你把自己的成功寄托在别人身上。这么做固然轻松，但无法有效地促成你的改变。别再等待"救援"了，开始行动吧！就像游泳，无论朝哪个方向，无论选择哪种泳姿，这都不重要，只要你能游起来！正如《海底总动员》中多莉所说的："一直向前游就好！"当你开始享受游泳的过程时，你就会敢于尝试更多花样，甚至是难度较高的蝶泳了。

寻求帮助对我们的生存而言至关重要。这是一个明智之举，能让我们与他人携手合作，共同实现仅凭自身难以达到的目标。然而，如果我们在寻求帮助之前不提高自己的能力，不尝试利用现有资源解决问题，就永远不会知道自己的极限所在，也无法走出舒适区，更无从发挥创造力去探索新的解决方案。当他人帮助我们时，我们应该深入理解他们的核心思路，并将其融会贯通，为自己所用，而不是一味地模仿表面行为或者死记硬背。依靠自身努力获得的成就感，比任何外界的认可都更持久。

我并不打算通过这本书让你在所有事情上都变得自给自足、完全独立，但我确实希望你能学会对自己的目标、情感和思想负责，对发生在你身上的所有事负责。因为只有这样，你才能有效地处理和解决迎面而来的事情。你的不快乐、紧张、游移不定，都不该归咎于其他人，这对其他人来说责任太大了。当然，我不是让你从一个极端到另一个极端——不仅为自己操心，还要为身边所有人操心。用不着这样，这么做太可怕了！你只需要关注自己，专注于自己能控制的事情，这样就够了。

当然了，这本书并不是鼓励你变得自私自利。这并不是我们的目的。恰恰相反，我所说的"依靠你自己"并不是指那种以自我为中心、完全不关心他人的自私行为，而是希望你在寻求外界帮助之前，先尝试在自己身上寻找答案。如果经过彻底的自我探索和努力后，仍然没能找到解决办法，那么再去寻求他人帮助也不迟。但是，你需要给自己足够的时间去学习、行动、实践，并养成新的习惯。至于"依靠别人"，这并不需要急于一时，你有一生的时间可以慢慢体会。

小时候，我们常常渴望冒险。但是在长大之后，这种冒险精神就逐渐消失了。还记得吗？小时候，我们常常挂在嘴边的一句话是"我自己来",因为小孩子都渴望用这句话来证明自己长大了。小时候,我们渴望自己吃饭,哪怕会把通心粉撒得满身都是;我们渴望自己穿衣,即便过程缓慢;我们渴望自己洗澡,即便头上的泡沫还没冲干净就大喊"我洗完啦!"。人类天生就有探索和学习的欲望。然而,随着时间的推移,我们渐渐发现自己总是做不好,或者变得越来越追求完美——总之,在犯错时会感到十分沮丧。小时候,父母常常会以"不行,你会把衣服弄脏""不行,我给你穿更快""不行,你头上泡沫太多,头发会黏一块"为由拒绝我们的请求。于是,最初的主动性逐渐被消磨,我们不再热衷于探索和发现,不再坚持自己的事情自己做。我们会心安理得地认为,把事情交给别人处理会更好。当意识到这一点时,我们已经深陷其中,无法自拔:我们变得过度追求完美,急于求成,只想做对的事,不愿犯错,甚至为了迎合别人的期望而逼迫自己。为此,我们付出了沉重的代价:舍弃了创造力和主动性,也失去了发现的乐趣。

我记得小时候,我最大的梦想就是徒步穿越纳兰霍德布尔内斯山(Naranjo de Bulnes)。在家里,我和小伙伴们听说那是一处绝佳的登山胜地,于是我们每天下午都会去爬一堵约3米高的墙。现在想想,如果真的摔下去,骨头肯定会摔断。当时我甚至不知道"Naranjo de Bulnes"是什么意思,我一直管它叫"Naranjo Blume",因为当时我练体操的体育馆就叫"blume"。当时,我只知道要先爬上去再爬下来,尽量别摔着,还要瞒着家里人。如果真的摔了,我们会编个谎话蒙混过关，绝不透露我们的"大计"。虽然谎言编得不高明，但冒险本身却乐趣无穷。它激发了我们的创造力，锻炼了身体，甚至让我们培养出了"革命情谊"……这些在今天看来简直是不可思议。现在的孩子不能随便离家去街上玩，因为怕弄脏衣服，怕摔倒受伤，怕遭遇危险，怕被拐骗，怕被侵犯……他们受到了"完美保护指南"的束缚，被过度保护。问题不在于孩子鲁莽，而在于家长的过度干预。作为家长，要保护孩子的安全，这可以理解，但也要创造条件让孩子释放冒险精神和主动性，这样他们才能在"依靠自己"的实践中茁壮成长。

我们这本书有一个关键词——责任。我喜欢"责任"这个概念。在我看来，它与严肃性无关，与专横霸道无关，与工作中的单调乏味、陈规陋习也无关。当你信守诺言，当你在无人监督的情况下依然履行自己的义务，当你决定掌控自己的生活并成为生活的主角时，你就是负责任的。如果你能在承担责任的同时也不忘娱乐，常常保持幽默感，大胆释放热情并收获一些开心的瞬间，那么只能说，这样的人生"夫复何求"呢!

在本书中，你将看到 20 篇文章，文章里面通常会有需要你个人反思的部分、练习、示例，以及我给出的一些建议。这些建议开门见山，直截了当。如果你想做出改变，那么翻到那一页照着做就行了。有些文章的标题看上去很荒谬，似乎毫无意义。请不要惊讶，这些文章的内容都源自不同的人（包括我）的真实经历。在与心理学打交道的 20 年中，我意识到隐喻、象征和真实的故事都能有效地促进人们的改变。重要的是你能理解我对你说的话，并将那些内容付诸实践。所以，当你看到像"桃罐头""特蕾莎修女""奶奶的高脚杯"这样的标题时，你不用担心。等你读完那篇文章，你自然就会理解其中的含义了。到时候再回看这些标题时，你或许会会心一笑，并且连连感叹其中的妙处，因为它们真的很容易让你联想起背后的内容。

阅读这本书时，你可以大大方方地依靠我。读完之后，你就可以比现在更好地依靠你自己啦！你自身就会有很多解决方案。还记得有多少次你是靠自己把问题给解决了吗？请准备一本既漂亮又特别的笔记本，它得能唤起你写字的欲望。笔记的名字就叫"做自己的靠山"。当你遇到难题的时候，你可以随时翻阅。下面，让我们从第一个练习开始。

练 习

回顾之前的经历，简要写出你取得过的五项成就。每写完一项成就，就在后面写出当时帮助你成功的因素，越具体越好。想一想，当时的你是因为自己的毅力、知识、经验，还是因为那股强烈的决心，才让自己获得了成功？

现在，你已经开始依靠自己了。你正在内心深处搜寻那些曾经对你有过帮助的"武器"。我们常常忘记它们，是因为我们没有足够重视自己曾经取得的成就，而当我们遇到新的需要解决的问题时，却忘记了上次是如何应对的。我总是要求那些想要改变的人准备好一张纸，列出他们已经掌握的"武器"，包括他们学会了哪些技巧、哲理。以下就是一个例子：

我的"武器"库

肌肉放松训练	目的是抑制焦虑。
写下我取得的成就	这让我更有安全感、更自信，对自己更了解。
视觉化呈现	对即将到来的比赛、会议等事情展开想象，写下在那个时候我会如何表现。这么做能带给我安全感，让我更有动力。

在你阅读和使用本书的过程中，你可以一点点地列出自己的"武器"，直到把清单填满。这样，当你面对困境不知所措时，你就知道该使用哪种"武器"了。

感谢你阅读这本书，你为我的工作赋予了价值。我的经验告诉我，从我决定依靠自己的那一刻起，我就感到自由了。不要错过这次经历，它是无价的。

目录

1

现在的你是自己想成为的样子吗？

如果你正面临痛苦，但又无力改变这种状况，那么你可以
选择面对痛苦的态度。

——维克多·弗兰克尔

有些人认为自己是个失败者，比如那些莫名其妙地被解雇
的员工，或因被迫降级而悲痛欲绝的球员。这些人常常没有安
全感，行动也缺乏方向和目标，感觉自己就像迷途的羔羊。

还有一些人不知道自己想要什么，总是纠结，做事也缺乏
动力，不知道做什么才能点燃自己的热情。比如面临选择学文
科还是学理科的高中生，考虑是继续坚持职业生涯还是彻底退
役的运动员，想在加勒比地区开一家莫吉托酒吧却因要不要辞
职而纠结的公司管理者，想逃离家务却不知道从哪里才能改变
的家庭主妇，他们都陷入了这样的困境。

也有感到厌倦的人，他们厌倦了自己的生活，厌倦了伴侣
和孩子，厌倦了付出与回报不对等……他们厌倦了一切，长期
以来一直过着并非自己所愿的生活。

还有更为可悲的一类人，他们清楚地知道自己想要什么，却无能为力。他们心中充满了渴望：我想减肥，我想做运动，我想提高自己的社交技巧，我想在比赛中提高抗压能力，我想对同事更友善，我想戒烟，我想学会控制情绪……然而，他们却迟迟没有行动。

最后一类人是这样的：他们渴望改变当前的状况，却总是期待由别人来付诸行动，希望别人能为他们多做一些事情。他们期望城市的交通不再拥堵，期望受到周围人的尊重，期望自己的伴侣能更浪漫一些，期望孩子在自己下令后能立刻服从，期望老板把自己看作优秀员工，甚至期望别人能读懂他们的心思——即便自己胖了 10 千克，也希望对方能一口咬定"你根本没变胖"。然而，即便每个人都按照他们的意愿行事，他们也不会感到真正的快乐，因为他们总是想要得到更多。

如果你在以上的描述中看到了自己的影子，那么先自嘲一番吧。从某个角度来说，自嘲是一种"良药"。你得先认清自己，才能对症下药。

现在的你是自己想成为的样子吗？我知道这是一个非常笼统的问题。那么，你对此问题的第一反应是什么呢？"是"还是"不是"？如果你的回答是"是"，那就太好了。如果你回答的是"不是"，那也没关系。因为现在是时候去选择"自己想成为什么样的人"了。

我想，那些回答"是"的人，他们不是觉得自己完美无缺、已经没有进步的空间，而是他们对当前的自己比较满意。他们清晰地认识到，人是时刻处于变化之中的，他们接受这种变化。对自己的满意可以让他们平和地、从容地去改变，因为无论如何，他们的内心都是平静的。回答"不是"的人则不然，他们会感到迷茫、沮丧、心力交瘁。他们渴望改变，却因为有太多需要改变的地方而不知所措，不知道从何下手。

练 习

请你以"我想成为……"开头写 10 句话。或许通过这个练习，你能想清楚自己到底想成为什么样的人。

下面是一些例子，来自不同的人：

- 我想成为一个更有创造力的人。
- 我想成为一个更有耐心的人。
- 我想成为一个更爱看书的人。
- 我想成为一个更有个性的人，这样我就不会被我的老板或同事当成空气。
- 我想成为"焦虑绝缘体"，也就是一个情绪稳定的人，能够平静地享受生活，在看电影、和朋友喝酒、开车或逛超市的时候都能轻松自如。

- 我想成为一个更关心自己的人。我感到我的孩子和伴侣认为我对他们的关心是理所应当的，而我为他们付出那么多，他们却不知感激。

- 我想成为一个更勇敢的人，因为只有这样才能实现梦想。恐惧阻碍了我，但我始终没有采取措施去克服它。

你为什么应该成为你想成为的人呢？答案很简单，因为人得对自己诚实。这就是原因。过着自己不喜欢的生活，或者过着别人想让你过的生活，对你而言这都不是真正的生活，而是参加一场连主角都不是的表演。当然，因为有责任感和常识在，所以我们不会一拍脑门儿就决定把住着的房子丢下，跑到夏威夷去生活。但是，在一个极端和另一个极端之间，有一个中间地带。在那里，我们是可以获得不一样的感受的。

人生路漫漫，成为你想成为的人是其中绕不开的一段旅程。为了成功完成本书中的练习，你需要随身携带一个"手提箱"，把自己收获的"武器"一一放进去。你可以先放"责任"。你要学会对自己负责：能够对你的改变负责的不是别人，不是环境，更不是运气，是且只能是你自己。还要记得放上"耐心"。着急没有任何用处，像洋蓟减肥法、菠萝减肥法等极端方法的确能让你一下子瘦很多，但反弹得也很快。一切改变都需要时间。而且你要注意，不要把目标设定得太高或太低。如果你好高骛远，把目标设定得太高，结果会让你沮丧；如果你把目标设定得太低，就会缺乏动力，从而不愿意付出更多努力。请记住，为了让改变发生，我们需要拥有积极心理学^①中常常强调的几个品质：乐观、希望、毅力、热情和勇气。

被誉为"积极心理学之父"的马丁·塞利格曼强调了积极情绪对于预防心理疾病的重要性。继续过自己不想要的生活，就相当于加速自身的毁灭，甚至让自己患上心理或身体上的疾病。一个对自己和生活不满意的人往往会感到焦虑和悲伤，时间长了，可能导致身体的免疫系统受到影响，甚至出现免疫抑制的现象。为了获得幸福而努力做出改变，这么做除了能给你带来幸福外，还会给你带来健康。为了成为你想成为的人，你必须做出改变。在为改变做规划之前，你需要设定一个预期。预期是指我们对可能发生的事情的想法，是一个人对自己的期望。如果你期待更美好、更强大的自己，你的投入就会更大，你就会更努力、更有毅力。相反，如果你不期待或者不相信自己能变得多么优秀，那么你的进步也会受到限制。已经有好几项研究验证了预期带来的影响，比如神奇的安慰剂效应^②。想象一下，预期在心理方面（包括态度和情感）的潜力一旦被激发出来，将给我们的感受和行为带来多大的改变啊！

① 积极心理学：致力于人的发展潜力和美德等积极品质的研究，使人挖掘潜力并获得良好生活的心理学研究。
② 安慰剂效应：研究对象依赖医药、对疗效期望而产生的一种正向心理效应。表现为某些研究对象在使用安慰剂后表现出病情好转等治疗效果。

在继续探索"你想成为什么样的人"这个问题之前，请先冷静地回答下面几个问题。因为预期会影响到你的改变。

- 我对自己有什么样的期待？

- 我认为自己有能力获得什么样的成就？

- 我曾经成功地做出过改变吗？

在改变的过程中，限制性的想法同样会产生影响。这些想法可能源于你自身，也可能源于你那占有欲过强的伴侣。这些想法就像汽车中的刹车装置，紧紧地束缚着你，阻碍你前行。

练　习

（1）从自己列出的清单（见第3页"练习"）中选一项你想要实现的改变。

（2）详细写下这一改变能够为你带来哪些好处。

（3）思考：在推动这一改变的过程中，你可能会遇到哪些阻碍？

（4）针对这些阻碍，写下你认为有效的解决方案。

（5）将你的目标拆解得更小、更具体，并列出实现这些目标所需的步骤。这将有助于你制订计划，并勇敢地迈出第一步。

重要的是，你必须认识到，最终你需要依靠的是自己——无论是成功还是失败，归根结底都取决于你自己。从今天起，不要让任何人成为你人生的主宰。无论你得到了什么，还是失去了什么，都应由你自己承担，你要成为自己的靠山。

依赖他人或许让你感到轻松，但这会让你丧失自主性。唯有对一件事充满渴望，并全心全意地投入，你才能获得真正的责任感和参与感，真正地掌控自己的生活。这并不意味着你要排斥合作或拒绝他人的善意帮助，而是提醒你不要过分依赖他人，更不能强求。不管好坏，降临在你身上的都是一份礼物，你要做的就是坦然地接受它。当你没有过高的期待时，出现的机遇会更让你心怀感激。

下面是一个运动员写的"我选择的改变"，看完后请在本子上写下你选择的改变。

（1）我选择的改变：更有安全感。

（2）当我实现这一目标时，我就能在比赛中发挥出最佳水平。我将能取得更好的成绩，获得现在没有能力得到的奖牌，并为自己的工作感到自豪。

（3）阻碍我的是不知道如何实现自己的目标。我不懂得如何积极思考，每当我犯错，我就感到情绪低落，并陷入恶性循环。

（4）我的解决方案。

改变对错误的态度。我必须把错误当作训练的一部分。当我犯错时，我必须承认，要成为更优秀的跑步运动员，犯错误是不可避免的。

学会对自己说积极的话。多用这样的句子鼓励自己："我训练得很棒。""我正在完成计划的路上。""我的技术很精湛。"

训练时更多地关注自己的积极感受。现在的我对不适和疲劳的迹象过于敏感，一旦感知到不对劲，我就开始焦虑。

每天写下自己的进步，比如训练中自己做得很好的部分。

（5）准备一个全新的笔记本。从明天开始，在每次训练之前，我会提醒自己将注意力集中在训练时的积极感受上。训练之后，再把当天的积极感受都写进笔记本。

当然了，你可以在清单上写下若干个目标，你想做哪些改变都可以往上写，不要被数量限制。重要的是，你需要从清单中选定一个目标，明确第一步行动，识别出那些可能阻碍你的因素，并思考是否可以战胜这些阻碍，然后果断地开始行动。

如果你对每一步怎么做都清楚了，就不要再拖延了。拖延只会带来沮丧。不要犯了错就想：是时机未到吧，是我能力不够吧，是我记性不好吧，等等。不要总是给自己找各种各样的借口。别再自言自语了，闭上你的嘴，去做就好了。"千里之行，始于足下。"你无须考虑要付出多少代价才能实现目标，而是迈开双腿，动起来，去做就行了。你今天，或者更确切地说，此刻所做的一切，都比一分钟前只停留在幻想中的状态更有价值。一分钟之前什么改变都没有，你的愿望也遥不可及，而只要你行动起来，改变就开始了。别想那么多，快行动起来吧！最好是此时此刻就开始，如果你认为你还需要时间准备一下，那也没关系，但要设定一个明确的期限。

你不需要一场完美的比赛来改变自己，也不需要世界上最友好的客户来成为改变你的推手。你需要的只是依靠自己的力量，成为自己前进的驱动力。

你需要多长时间才能让一种改变固化下来，成为一种习惯呢？不同的调查有不同的结论，有的说是 21 天，有的说是 66 天，有的甚至说是 200 多天。多少天都不重要，我们又不赶时间。你唯一需要的就是实现目标的决心。如果你已经以同一种方式生活了 20 年、30 年甚至 40 年，那么再多几个月又有什么差别呢？

为了促成改变，你要记住以下几步：首先明确愿望，然后制订计划，接着付诸行动，并不断重复。重复有利于巩固改变的成果。无论你今天做笔记做得多么认真，之后的日子都不再复习，你就又变回老样子了。想让某件事成为自发的反应，是需要一段时间训练的。你必须严格训练你的大脑和身体，才能达到这样的境界——轻轻松松地把想做的事做好。行动，重复，再行动，再重复……这个过程中记得鼓励自己。改变不是强加给你的义务，而是你努力的方向。如果你不对自己说"我是最棒的，因为我想成为一个更好的人"，那么这一切似乎成了一种义务，而不是一个令人兴奋的目标。一位伟大的古希腊哲学家说过："每天反复做的事情造就了我们。然后你会发现，优秀不是一种行为，而是一种习惯。"

2

你的"top 10"

她是我心灵的朋友,她使我完整。她把破碎的我,按正确
的顺序拼凑成了完整的人。你知道吗?有一个能做知心朋
友的人多棒啊!

——托妮·莫里森

对于托妮·莫里森说的这句话,我想稍微改动一下说法,
以更好地表达我的想法:"能有一份像知心朋友般的'top 10'
清单多棒啊!""10"是所有榜单都钟爱的数字。进入前 10 名
就意味着是"最"好的,哪怕候选人只有 11 个。如果有人告
诉你"你是前 10 名",那么你就属于顶尖选手之列。

列清单和排序的行为可以让事情变得井井有条,帮助我们
划分优先级,明确孰轻孰重,谁重要谁次要。我总是鼓励找我
咨询的人(包括常年训练的运动员)把所有事情都列入清单。
这样做的目的有:防止遗忘;每做完一件事就有一丝成就感;
让事情变得更有条理,也方便为未来做好规划。清单这东西真
是太实用了。

列清单有很多好处。

（1）它能帮我们减轻压力。把待处理的事项写下来，我们就不用担心忘事了。这就是所谓的"委托"，而很多人不擅长这样做。记住，你要把任务"委托"出去，别再高估自己的记忆力了。已经有足够多的事情等着你去操心了！

（2）激发我们的创造力。很多人喜欢在清单上粘贴便利贴、做批注、画小图案，或者添加各种醒目的标记。这些个性化的装饰不仅对眼睛很友好，而且有助于激发我们的创造力。

（3）让我们体验到了承担责任的快乐。每画掉待办事项中的一项，就意味着我们又完成了一件事。"画掉"就意味着我们"履行了职责"，这会让人感到宽慰。

（4）让事情更有秩序，帮我们更好地管理时间。列清单时，我们一般会遵循某种顺序，比如时间顺序、优先级顺序，或者按想做的程度由高到低来排序（这样做的目的是将更多的时间和精力投入到令自己愉悦的事情中）。

（5）锻炼我们的总结能力。列清单不是写作文，无须写大段完整的句子。有想法的时候记下关键词就行了，就像整理学习提纲一样简洁明了。

（6）为我们带来放松的时刻。在记笔记、制订日程表或是列购物清单时，我们是在享受一段安静的时光。备上一杯咖啡，花点时间梳理思绪吧。

建议你手写清单！手写能带来一系列附加的好处：帮你改善拼写能力，激发更多的想法，锻炼注意力，帮你记住更多概念和提高阅读能力。我们的大脑在写字时比在打字时更加活跃。计算机的普及让人们渐渐抛弃了手写的习惯。在打字时，计算机会随时纠正拼写错误，于是，我们将本该由大脑完成的任务委派给了计算机，结果，大脑变得越来越懒惰。当然，有些事情需要高效推进，这时我们就不能"逆流而行"了，毕竟把一份手写报告交给客户实在是有些荒谬。如果不是那么紧急的事情，就尽量手写吧。别再用手机或电脑列清单了，花点时间动动笔吧，这样还能锻炼你的精细运动能力。

发表在《心理科学》杂志上的一项研究表明，使用电脑做笔记并不像手写笔记那样能产生深度学习的效果。在页边空白处书写、画线、做批注，这么做有助于锻炼人的多种能力（比如概括能力、决策能力）。

列日程表是练习手写清单的一个理想方式。若想让写出的清单真正发挥作用，请遵循以下建议：

（1）不要列出多个清单，最好将所有内容都整合到一个清单中。不要将工作事务和私人事务分开记录，这样在时间上有冲突时可以及时发现。当然，你可以用不同颜色来区分工作事务和私人事务。

（2）不要高估自己的能力，你不是超级英雄。把你能实际完成的任务写下来，并准确计算每项任务所需的时间，包括执行任务的路途时间。

（3）为你的日程表确定一个合适的顺序：可以是时间顺序、优先级顺序，或者其他你认为合适的顺序。

（4）在当天必须完成的事项旁边标注星号，这是必不可少的。

（5）使用醒目的颜色标记关键词。例如，如果任务是收集证书，就用黄色荧光笔将"证书"一词标出来。

（6）灵活运用大小写字母、小图案（比如笑脸、哭脸）、标点符号（比如问号、感叹号）等元素，让清单看起来更有趣、更吸引人。我们的目标是创建一个吸引人的清单，激发读者的阅读欲望。

（7）把要做的事情区分一下，哪些是当天必须完成的，哪些是不必当天完成的。当天必须完成的可以在早上醒来后立即进行。有些事情不需要当天完成，比如运动员在比赛之前做的各种准备：约医生做检查，去见营养师，参加赛前压力测试，等等。

（8）在任务旁边添加有用的信息，如电话号码、联系人或关键词。

（9）写完后，用手机拍照并保存图片，以防清单丢失。

（10）建议从中等难度的事情着手，随后挑战难度更大的任务，将最简单、最令人愉悦的事情安排在一天结束之时。

列清单的目的多种多样。在这里，我们将聚焦于情绪管理，而不是"我应该买什么"之类的事情。制作各类清单其实相当简单，遵循上述的 10 个建议就足够了。

这篇文章的"top 10"清单上列的都是让我们感到开心的

事情。科学研究表明，人类不仅能实时感受到幸福的冲击（即在幸福发生的那一刻就有深刻的体验），还能通过记忆将这种美好的感受长久保存。翻阅过去的相册，回忆青春岁月中的点点滴滴，或是聆听一首熟悉的老歌，都能让我们重温昔日的幸福时光。此时，大脑中的神经网络会像初次体验时那般被重新激活，仿佛那些美好的经历再次在我们身上上演。正因如此，本章的"top 10"清单以回忆为主题：回忆我们曾经取得的成就，回忆那些让我们感觉良好的人，回忆那些让我们感到放松的活动，回忆与伴侣共度的美好时光，除此之外，还要展望未来那些值得期待的事情。

我的成就"top 10"

展开回忆，写下你感到非常自豪的 10 项成就。不需要考虑这些成就的大小，只要能想起 10 项成就就好。这项任务的目的是增强你的自信心和安全感，让你记住你是有价值的，你已经做到了非常厉害的事。

下面是来自不同的人列出的自己的成就"top 10"：

• 取得驾照。我曾以为自己天生不适合开车，但最终我通过了所有测试。当我 40 岁那年获得驾照时，我的孩子们为我感到骄傲。

- 赶上了参加国际足联世界杯的末班车。在整个赛季的训练中，我一直保持着良好的状态，但在西班牙国内选拔前一周，我突然遇到了消化不良的问题。尽管状态不好，但我依然专注于训练，并积极调整自己的心态。当我在最终的入选名单上看到自己的名字时，我简直不敢相信这是真的。事实上，尽管当时我的身体并不在最佳状态，但我依然全力以赴，最终实现了自己的梦想。

- 我为我的工作团队感到骄傲。我们5个人价值观相近，都在享受这份工作。大家配合默契，能够很好地理解彼此。能够领导这样的团队，是一件多么愉快的事情啊！

总是给我传递积极能量的人"top 10"

有些人让我们感到充实、丰富，让我们焕发活力，而另一些人则对我们产生相反的影响。在人生的困难时刻，比如遇到麻烦、和朋友决裂、与伴侣分手，此时最好想想那些散发积极磁场的人，他们会如何影响你，又能给你带来怎样的帮助。

让我们来看下面几个例子：

- 马里奥。无论我和他谈论什么，他都不会妄加评判。即使不同意我的观点，他也会认真倾听，设身处地地为我着想，并给予我鼓励。我喜欢他的同理心，我知道我可以无条件地依赖他。他浑身散发着独特的魅力。

- 我的教练。他是一个会认真考虑我的意见、给予我充分信任的人。当我处于低谷时，他总是安慰我，让我不要因为未能实现目标而沮丧。他很聪明，当我不明白某件事时，他会用不同的方式向我解释清楚。

- 在我封闭训练时认识的室友。和他在一起时，我总是笑得前仰后合。他总是对我说："小吉，你真的是个非常棒的人。"我喜欢这种被肯定的感觉。我这个人容易紧张，而他总是笑得那么豪放，他的笑声有时甚至能让我忘记第二天比赛的压力。

让我放松的活动 "top 10"

我们的生活总是匆匆忙忙，充满了焦虑、忙碌和对完美主义的追求，当然也不可避免地会犯错。我们不得不持续面对各种压力。当然，有压力不一定是坏事，压力能让我们保持警觉，及时做出反应。很多事情都是在适度紧张的状态下完成的，如果完全放松，反而可能难以达成目标。不管怎么说，了解自己，知道哪些活动能让我们产生积极的情绪，这很重要。

来看看大家感到放松的活动有哪些：

- 醉心于烹饪。周末是我放松的日子，不必为排得满满的日程而心力交瘁。这时，我喜欢把精力投入厨房，自己研发新的菜品。做饭时，我会放上音乐，并且给自己倒上一杯红酒，不紧不慢地享受每一个步骤。

- 让自己开怀大笑。和朋友一起吃饭，看喜剧电影，听笑话，看脱口秀，回忆那些让自己笑到肚子疼的时刻……这些都能让我哈哈大笑。笑声让我忘却烦恼。

- 我喜欢在公园里边晒太阳边看书，旁边再来上一杯热乎乎的咖啡。看书的时候，我会不时地抬头看看路过的人们，然后又低头继续沉浸在书本之中……就这样，让时间静静地流逝。

伴侣间浪漫的瞬间 "top 10"

许多伴侣关系破裂，是因为他们大部分时间都在各自忙碌，在一起的时间太少了，缺少互动和分享。他们总是找各种借口，说没时间共处，更没时间一起做点什么。这种状态与热恋时那种亲密的氛围截然不同。大家都忙，这是不争的事实。可是，如果只关注琐碎的日常生活，而不去点燃和维持那份激情的火焰，那么两个人自然就会渐行渐远。回忆浪漫时刻有助于修复伴侣之间的关系，能让双方再次体验到之前那种兴奋和激动的感觉。谁知道呢，也许你可以再次创造那些浪漫的瞬间。

来看看大家都是如何回忆浪漫瞬间的 "top 10"：

• 一顿晚餐。那时，我们刚相识不久，就在一座迷人的小镇上共度了第一顿晚餐。我记得在吃饭期间，我们的眼里只有彼此。我们好奇地谈论着各种话题，彼此倾听，彼此分享。我记得他的笑容，也通过他的眼睛看到了自己的笑容……那一刻，时间仿佛放慢了脚步。

• 手牵手，一起走。这是我和另一半经历过的最浪漫的体验。我喜欢这种亲密无间的感觉，喜欢他手心的温度，还有我们十指相扣时那种微妙的触感。我喜欢想象我们"执子之手，与子偕老"的美好未来。

• 意想不到的礼物。过生日的时候，他说带我去马德里看一场足球比赛。这真是一份意想不到的礼物！看比赛时，我一直以为自己在做梦，兴奋得不得了。当时，我们是多么相爱啊！

想做还没做的事"top 10"

幻想美好的未来也能让我们充满动力。这张清单并非今日必做之事，而是关于我们的梦想。虽然在工作中我们被截止日期压得喘不过气来，但有些事情（比如这些想做还没做的事）还是可以设定一个截止日期来督促自己。记住，永远不要停止做梦。

来看看大家的想做还没做的事"top 10"：

• 报个普拉提课程锻炼身体。
• 来一次浪漫的旅行。我想去克罗地亚，在那里的海湾悠闲地漫步。

• 训练前先好好地享用一顿早餐。我需要更多的空闲时间，以便能悠闲地坐在餐桌前吃早餐，同时观看那些有趣的电影。

我们每天都可能有新的体验。对我来说，讲述美好的回忆是铭记过去的最佳方式。如果朋友在聚会时问我"你还记得那次有趣的经历吗？"，而我却忘了，那么一股遗憾之情就会瞬间涌上心头。我真的很想记住所有的美好时刻。

要记住那些美好的时光，记住身边这群最棒的人，珍惜自己所拥有的一切。这不仅能帮我们珍惜当下，还能给我们带来积极的情绪。

3

4种状态：固态、
液态、气态和"开机模式"

疯狂就是一再重复地做相同的事情，却期望得到不同的结果。

——阿尔伯特·爱因斯坦

固态、液态和气态是物质常见的 3 种状态。人虽然也是物质的一种，却有着更多元的状态。有些状态与情绪相关，比如冷漠、快乐、沮丧、兴奋、悲伤和暴躁。有些状态则与态度有关，比如被动改变、安于现状或主动求变。还有一种特殊的状态，我称其为"开机模式"，一旦进入这种模式，人就能摆脱麻木，焕发出新的活力。

当你感到饥饿时，你的身体就会启动"开机模式"，让你对美食充满渴望。当你充满炽热的性欲时，身体也会进入"开机模式"，让你更容易投入性行为的怀抱。当你脑海中闪现出一个绝妙想法时，"开机模式"的开关会再次被触发，让你满怀着激情坐在电脑前，开始写完整的计划。而当你思念家乡时，"开机模式"同样会被激活，促使你拿起电话，与想念的人倾诉衷肠。如果你在比赛中感到自己强壮有力、敏捷灵活且异常专注，那就说明你的身体已经进入了"开机模式"。"开机模式"是一把利器，能让人以最佳状态应对挑战，实现目标。如何启动"开机模式"呢？这件事因人而异，取决于每个人追求的具体目标。

物质在固、液、气3种状态之间的变化，通常取决于温度等外界条件。学习物理非常有用，因为我们可以通过观察自然现象来理解和获取我们想要的知识。在各种小实验中，我们能亲眼看到物质状态的改变，这种改变是自然界中普遍存在的现象，并无绝对的积极或消极之分。如果你想获得幸福，你就需要找到能激发自己行动力的状态。

在标准大气压下，水在100℃时会沸腾，而在0℃以下则会凝固成冰。水的状态改变是为了响应外界条件的变化：升到足够高的温度就会沸腾，降到足够低的温度就会冻结。那么蝴蝶呢？在拥有色彩斑斓的翅膀之前，它只是一条虫子，被包裹在蛹中等待着蜕变。虽然困在蛹中那样狭小的环境里也许会不舒服，但改变终究会发生。当它成功破蛹而出、开始挥动翅膀的时候，它就完成了从虫子到蝴蝶的华丽转身。

没有人不渴望得到幸福，但幸福并不是生活在一个飘满了粉红色泡泡、不真实的世界中，而是一种可以追求和实现的实实在在的状态。在那种状态下，你可以做真实的自己，你会对自己的生活感到满意。幸福不应该只是一个特定的、转瞬即逝的时刻,而应该是贯穿于我们整个人生的一种状态。幸福并不意味着一切都是完美无缺的,没有任何烦恼。恰恰相反,真正的幸福是在面临困难和挑战时,仍能保持内心的满足和平静。

想要获得幸福,你需要勇于做出改变。想要改变,就不能冷漠麻木、安于现状。虽然安于现状能让你享受到已有的成就,让你大部分时间处于一种有序的状态中,但人不能总是停留在舒适区,尤其在人生的某些阶段,你需要勇敢地走出舒适区。你可以把舒适区当成休息和放松的地方,因为它能在你"精神过载"时暂时摆脱外界的纷扰,让你放松下来,享受片刻的宁静。想想看,你每天都会有休闲时刻,比如散散步、看看书、和朋友边吃边聊、听音乐。在其他时间,你需要积极主动地去学习、工作或训练,不仅如此,你还要扛住压力,去解决各种临时出现的问题。

同理,要获得幸福也是如此:你既需要休闲时刻,即让自己放松、娱乐的时刻,这时你只需要享受生活的乐趣;也需要突破时刻,即脑子不停运转、主动寻求变化、渴望超越自我的时刻。突破时刻就是我们的"开机模式"。在这种模式下,我们能唤醒自己的感官,让大脑和身体朝着目标有条不紊地迈进。

如何对抗"开机模式"的敌人

接下来,我要向你介绍启动"开机模式"时常遇到的 6 个敌人：懒惰、缺乏意志力、缺乏安全感、缺乏规划、自卑和拖延。击败这些敌人的最佳策略是运用智慧和方法，我提出了一些解决方案供你参考。

（1）对抗懒惰。面对懒惰，你应该立即行动起来。别再说"我真不爱动"这样的话了，换成"来吧，加油！""越早完成越好"，再加上一句激励自己的话，比如"我能行"。剩下的就看你的了。

别再沉迷于懒散的状态了。应该想，活跃起来的自己会变得更加优秀。别再听从内心那个叫你"待着别动"的声音了。它真的很可怕，总有一大堆理由试图说服你放弃。还是赶紧行动起来吧！

（2）对抗缺乏意志力。意志力是为了获得长期满足而愿意做出短期牺牲的能力，但我们往往缺乏耐心，总是希望好事能立即发生。延迟满足和自我控制对我们来说都很难，谁也不想为了一年半载后的某个好处去做自己不愿意做的事情。将最终的目标写下来，想想未来的你在实现目标之后会有怎样的感受——这会对你有很大帮助。

（3）对抗缺乏安全感。也许你对困难有所顾虑，对自己的能力和天赋有所怀疑，这都是正常的。面对改变，我们都会缺乏安全感。其实你可以将缺乏安全感视为积极的事情，因为它会让你更加专注和警觉。有时候，过多的安全感容易导致你自信过头，从而不够谨慎；而对失败的恐惧会让你谨慎地迈出每一步，对过程给予足够的重视。

（4）对抗缺乏规划。条理不清晰的人长期处于混乱状态。他们做事杂乱无章，时间管理能力差，而这一切都降低了他们的办事效率。当无法达成目标时，他们会感到不堪重负，他们的压力和焦虑水平总是高于做事有条理的人。

使用日程表，不设定不切实际的目标，努力完成既定目标，锻炼专注力，以及为各项活动合理地分配时间，这些做法可以帮助你更好地应对缺乏规划的问题。

（5）对抗自卑。你为什么会自卑呢？难道你不认为自己已经做好了准备吗？你不认为自己有足够的能力去做出改变吗？迈出全新的一步时感到不安是可以理解的，但让人难以理解的是你怎么能看低自己、给自己设限呢！想想你的价值、优势，你曾经超越自己的例子，还有那些优秀的人克服困难的故事，然后正视自己，相信自己有能力做出改变。

（6）对抗拖延。今天能做的事不要推迟到明天。拖延的人习惯给自己找各种各样的借口："这太难了""我现在没空""资料不全，做不了""我得先联系上……才能继续""我感觉很累"。仔细想想，虽然拖延让你得到了短暂的空闲，但也给你带来了更大的负担，不是吗？每次你推迟做一件事情时，你的焦虑就会增加。明天对你来说可能会比今天更难熬。我的建议是，关掉一切让你分心的东西，比如手机、电视和电脑，设定好开始做事的具体时间。在开始行动之前，先营造出一个轻松的环境，比如将你的桌子整理干净，给自己泡上一杯热乎乎的咖啡，然后再开始做你计划好的事情。你必须先开始，哪怕只是为了告诉自己:"你看,开始这项任务也没什么难的。"从最拿手的事情做起,会让你对自己更有信心。

如何启动"开机模式"

说完了启动"开机模式"时常遇到的敌人,再来说说有助于启动"开机模式"的朋友:灵活的思维方式、自我宽容的心态、从错误中学习的能力,以及持之以恒的行动力等。每当你成功地做出一个改变,或是为某个成就而感到喜悦时,你就想想这些向你伸出援手的朋友。当进展不顺时,你要勇于承担责任。你不可能总是充满动力,但可以一直铭记自己的价值。

那么,要用什么样的方法才能启动"开机模式"呢?每个目标都需要一种与之相匹配的状态。有些目标需要的是冷静、平和与安宁,而有些目标需要的是驱动力、压力、高效率和充沛的能量。想要进入自己需要的状态,你需要学会掌控自己的身体和情绪。

每个人启动"开机模式"的方法都有所不同,以下是一些人用过的有效方法,供你参考:

- 聆听让自己充满活力和正能量的音乐。
- 播放优秀人士的励志演讲视频。
- 观看励志电影。
- 重温自己靠着拼尽全力获胜的过往,比如回顾自己的进球瞬间,或失去先发优势但最终获胜的比赛场景。

- 观看其他运动员如何打破纪录的视频。

- 想象获胜后领奖的画面：此时国歌的旋律回荡在现场，我站在领奖台上，胸前挂着闪闪发光的金牌，台下的人都在为我鼓掌。

- 回忆自己在职场上的一次成功经历，想想当时老板和同事们是如何向自己表示祝贺的。

- 回忆那些激动人心的、开心的时刻。

- 站起来，绷紧肌肉并用力鼓掌，感受自己的力量。

- 对自己说些积极的话："快快快，行动起来吧！"

- 与自己的榜样交谈。

如果你难以启动"开机模式"，那么可以先进入"缓冲状态"。以下示例可能会对你有所启发：

- 营造温馨的工作环境：拉开窗帘，让阳光照进来；把一盆漂亮的鲜花摆在桌面上……

- 每天都按时享用茶或咖啡。

- 找一块白板，可以在上面随意涂鸦，也可以发挥创意，用它来捕捉脑海中一闪而过的奇思妙想。

- 读书。

- 写作。

- 练习一些放松的技巧，以应对可能到来的紧张时刻。

- 聆听古典音乐。

- 留出时间，去做自己想做的事情。

- 深呼吸，闭上眼睛，在接下来的五分钟内让自己放空。

练 习

为了更好地调整自己的状态，你可以试一下这个练习。先想清楚你的目标是什么，再准备好一张白纸。

第一段写下你的目标。第二段写下实现这一目标，你需要达到哪种状态。第三段写下如何调整自己的状态，越具体越好。

下面是一个足球运动员写好的例子，供你参考：

我的目标是参加今年的国际足联世界杯。

我需要在赛季中保持活力，让自己有力量完成一些非常艰苦的训练。

怎么调整我的状态呢？通过观看自己以前比赛中的精彩瞬间来激励自己。疲惫时听听音乐，我会在坐长途车之前做一张精选集，留到路上听。此外，我还会想象自己胸前挂着渴望已久的奖牌的画面。

如果你总是启动不了"开机模式"，那有可能是过去的失败经历在提醒你。当你努力做一件事但没有成功时，你的

"小恶魔"会提醒你，说你没有能力实现它，说你已经失败了。你不喜欢失败，也不喜欢应对失败带来的负面情绪，所以干脆不再给自己重新尝试的机会。如果这就是阻碍你启动"开机模式"的原因，那么请看下面的建议，让自己暂时忘却记忆，放下过去。我们的目标是，不让你的回忆决定你的未来。

★建议

（1）把所有失败抹去，重新来过。把你的失败写在一张纸上，然后撕掉、扔掉或销毁。总之，选个你喜欢的办法处理掉就好。

（2）接受自己犯的错误。对自己说："是的，我犯错了，但我可以接受失败，改正错误！"

（3）不要对自己的失败过度解读。犯一次错说明不了什么，只能证明你尝试过了。更重要的是，你可以再次尝试。

（4）只要行动起来，这就够了！

（5）多想想自己对未来的美好期望，别总想着以前不得不放弃梦想的辛酸往事。

（6）不要有负面预期，尤其不要预期自己会失败，学会放过自己。抱怨自己有多惨，总是顾影自怜，这不叫自我建构，而叫自我摧残。

改变需要你动起来，而动起来需要能量，能量需要你自己去投入。如果没有，你就得去找。事实证明，我们能在一眨眼的工夫，以惊人的速度改变情绪和状态。一个有趣的评论可以让你破涕为笑，出现危险的状况能让疲惫不堪的你撒腿就跑，一句简单的赞美就能打消你的自我怀疑，让你变得自信起来。我们有能力做任何想做的事，但首先，要想办法启动自己的"开机模式"。

4

奶奶的高脚杯正活在当下

"今天是什么日子？"小熊维尼问道。

"就是今天啊。"小猪皮杰回答道。

"是我最喜欢的一天！"维尼说。

——《小熊维尼》

有一段时间，我的奶奶对家里那些日常使用的漂亮杯子很着迷。

我喜欢在吃饭时用漂亮的餐盘和玻璃杯，也喜欢各式各样的色彩缤纷的装饰品。即使不吃饭的时候，看到那些精美的餐具，我也会感到心情愉悦。对我来说，它们本身就是艺术品。奶奶看上了我的杯子，于是让我在下一个节日时送她一套一模一样的。在我看来，一个 90 岁的老人不必等到节日才能收到礼物。所以那年 7 月，我给她买了几个漂亮的黄绿色高脚杯。

我是那种有了新东西就迫不及待地想要用的人。每当我买了一套精美的新餐具时，我都会以最快的速度赶回家，把它们放进洗碗机，洗好后摆到桌子上，以便下顿饭就用上。当然，还要拍照发朋友圈。送给奶奶高脚杯的第二天，我问奶奶用没用。令我惊讶的是，她竟然回答说它们很漂亮，但她舍不得用，想留给某个特别的时刻再用。我想：天哪，对于一个90岁的人来说，生命中的每一秒都应该是特别的时刻！当然，我的奶奶是如此的乐观、精力充沛，也许她还能再活上个30年。

奶奶有能力享受当下，也认为自己还年轻，还能尽情折腾一番。可是她那一代人受到的教育是，只有在非常重要的人生节点才值得认真地享受生活。对她们来说，只有在结婚、生儿育女、丈夫或自己升职（如果她自己也有工作的话）、孩子的婚礼、当上奶奶或姥姥、节日和家人一起吃晚餐等重要时刻，好的餐具才会被小心翼翼地从柜子里拿出来使用。在其他时间，这些贵重的用具只能孤零零地躺在柜子里。

活在当下

直到不久前，我们的幸福还仅仅取决于能否到达终点，能否实现目标，而并非享受沿途的风景。活在当下是次要的，充斥着大脑的日常琐事才是主要的！比如，孩子摔倒了怎么办，老人生病了怎么办，同事讨厌我怎么办，交通堵塞怎么办，女邻居出轨而她可怜的丈夫还在辛苦工作该怎么办，今天晚饭做什么呢，等等。直到不久前，幸福还只能在人生的终点处闪耀。甚至到了今天，仍有许多人得等到退休那一天，才能重新拾起自己的梦想。年轻时的他们不允许自己去追梦，因为对他们来说，人生就意味着努力工作、攒钱、买房子和不停地吃苦。等他们的孩子找到工作并且结婚生子了，才轮到他们自己去享受幸福。

为了下一代的未来，许多父母做出了"伟大"的牺牲。他们放弃了去加勒比海的度假计划，放弃了与伴侣共赴餐厅的浪漫时光，放弃了他们"奢侈"的爱好……而这一切都是为了节省开销。

如今，这种观念已经有所改变。很多人懂得通过积极心理学的力量，来引导和训练自己享受生活的每一刻。这种观念的转变并不意味着人生的重要节点失去了意义，而是人们逐渐意识到了日常生活的价值。无论是在家庭生活中还是在职场中，这一点都适用。

你看过《功夫熊猫》吗？那部电影很有启发性。它既能让孩子享受其中，又能让成年人深思。它让我意识到，我们对生活是有着多么大的误解啊！在影片中，乌龟大师曾对熊猫说过："你太担心过去和将来的事情了。有句话说得好：昨天已成历史，明天是个谜团，只有今天是天赐的礼物（present），因此今天才被称作当下（present）。"

理解容易，实践难。我们总是有各种各样的借口："我就是做不到""我安排不好自己的生活""我所做的一切都是为了以后""我最近太忙了"……然而，不管找多少借口，"当下"并不会因此而消失。

活在当下的方法之一是"正念训练"。在西班牙语中，"正念"的意思是"全然的意识"。为了达到那种状态，除了冥想和呼吸练习外，我们还必须培养享受当下的能力。"现在""这个""这里""此刻"这些词就像船锚一样，提醒我们什么才是自己真正应该关注的。很多人失去了活在当下的能力，因为他们总是过度训练自己的大脑，让大脑同时处理多项任务。他们总想同时做好几件事，以为这样就可以赢得更多时间，结果却是压力倍增、乐趣全无。

有三个敌人常常阻碍我们活在当下。第一个是手机。如今，手机已经不再是单纯的移动电话，而是一个多功能的工具，它"无所不能"，我们离不开它。不过，一旦我们使用不当，就会沦为手机的奴隶。第二个敌人是我们习惯于给周围的一切贴上标签。这种行为虽然有助于我们快速分类，但是在无形中为我们的体验设下了界限，使得生活中的意外之喜逐渐减少，那份探索未知的刺激感也随之减弱。我们与熟悉的事物匆匆错过，是因为我们总是忍不住做出评价："这个我知道，它是好的、坏的、廉价的、昂贵的……"一旦我们做出了判断，贴上了标签，往往就不再愿意重新审视，不再愿意深入体验，从而错失了发现事物新面貌的机会。第三个敌人是匆忙。要知道，你匆忙那两步所节省的时间实在是微不足道！所以，别再那么急躁了。

活在当下并不意味着你可以随心所欲地生活，想干什么就干什么。比如，一晚上喝光所有的酒，好像明天就没机会喝了；或者彻夜狂欢，仿佛明天就是世界末日；又或者坦率得过分，到了没教养的地步，就像明天就没机会表达真实想法了一样。活在当下是提醒我们要为每个特定时刻选择合适的节奏，在做任何活动时都能唤醒自己的感官，并仔细观察和感受身边的一切，因为总有一些美好的、有趣的细节会被我们忽略。

活在当下意味着我们要将注意力集中在当前正在发生的事情上，如何才能做到活在当下呢？

★ **建议**

（1）在开会、吃饭、遛狗或与人交谈时，尽量不要看手机。手机这种工具太容易分散我们的注意力了。我们已经习惯了一边与人交谈一边看手机，好像这是理所当然的。其实，这是一种不礼貌的行为，表示你对别人不够重视。如果一心二用，那么结果就是你对哪件事都无法做到全神贯注。别再找借口说这条信息很重要，你必须及时回复。建议你在家里设置一个"无手机角落"，在那里你需要放下手机，与家人一起享受美食或聊天。记得把手机放得更远一些，如果手机就在你身边，你还是会忍不住拿起来看。你也可以建议朋友或同事把手机放在他们既看不到也摸不到的地方。

（2）聊天时选择一个放松的姿势，微笑，看着对方的眼睛。不要紧抱双臂，要舒舒服服地坐着，表现出你真的很享受这一刻。别再担心现在几点，让时间自然流逝。

（3）不要总是把享受生活的机会留到以后，因为生命中的每一刻都是宝贵的。出门的时候穿上你最喜欢的衣服和鞋子，别让它们为了某个永远不会到来的"重要"时刻而闲置。和伴侣共进晚餐时，开一瓶好酒，享受这份浪漫。时不时地买些鲜花回家，让家里充满芬芳。用餐时，把漂亮的餐具都拿出来摆在桌上，让整个环境更优雅。出门之前，好好梳洗打扮一番，不为别的，只为了取悦自己。

（4）用积极的语言描绘当下，不要错过当下的美好。把你享受的一切都大声告诉自己："我喜欢我的房子，它舒适又温馨；我喜欢我的办公室，它非常明亮；我写的这份报告真合我心意；我今天锻炼得很棒，感觉自己更强壮了；我喜欢和丈夫告别时他脸上露出的微笑。"尝试在事情发生的那一刻，对别人或对自己说出你的美好感受，不要等到一天结束或更久之后，才把这个感受拿出来回味。这是一个技巧，能帮助你享受正在发生的一切。

（5）设定一些关键词把自己拉回当下。当你发现自己又开始和别人谈论过去的错误和失败的经历时，当你发现自己脑子里杂念太多，让你无法全身心地专注于眼前的事情时，你就需要用上"就在此刻""全心投入"之类的关键词了。这些词能把你拉回现实，让你不再滔滔不绝地说下去，不再天马行空地幻想下去。你要记住，活在这个无法重复的当下是多么重要。没有任何一个时刻是可以重来的，绝对没有。

（6）珍惜你现在拥有的一切，努力去发现生活中的美好。我们往往对身边出现的一切都习以为常，以至于对美好的事物视而不见。这些东西并非没有价值，只是因为它们每天都出现在我们眼前，所以容易被忽视，得不到应有的欣赏。

举个例子，当你旅行或度假时，你会对看到的一切感到新奇——美味的食物、美丽的风景，都会让你眼前一亮。然而，这些对当地居民来说却再普通不过，因为那是他们日常生活中的一部分。正是这种熟悉感，让人们常常忽略了身边事物的魅力。所以，试着用新鲜的眼光去看待你已经拥有的东西，重新发现它们的价值吧！

我还清晰地记得自己决定要活在当下的那一天发生的事情。那天，我像往常一样坐在天天光顾的咖啡厅里吃午餐。我记得我点了一份腌贻贝、一盘火腿和一小杯葡萄酒，独自享用。我边吃边翻阅着《马卡报》[①]，享受着与工作断开的美妙时刻，整个人都很放松。当时，咖啡厅里的客人很多。一个外国人走了进来，看样子是那种跟团来格拉纳达[②]旅游的游客。因为别的桌子都坐满了，他便坐到了我对面。我用的是一张高脚桌，它是一种人们围坐一起喝杯酒、随便吃点小吃，而非正式用餐的桌子。他竟然就这么自然地坐下了。这让我感到有些烦扰，因为他打扰了我的休闲时光。这还不算完，他竟然开始和我攀谈起来，就像一个闲来无事的人总想找人聊天一样。这让我更加心烦了。不过，这个面容友善的男人却毫不介意我的敷衍，完全沉浸在格拉纳达的美景、小吃以及风土人情之中。于是我合上报纸，看着他的眼睛，在心里对自己说："帕特里夏，听着，这个人今天在这里旅游，过几天就要离开了，和他

---

① 《马卡报》：在西班牙畅销的体育报纸。
② 格拉纳达：西班牙南部城市。

聊聊天又能怎样呢？"这个男人兴致勃勃地和我聊了起来，他告诉我，他是一名水手，把一生都奉献给了大海。他还告诉我，每个人的背后都有一位守护天使。他问我想给自己的守护天使起什么名字，我回答说想叫它"4"，因为我非常喜欢这个数字……我们进行了一场非常有趣的谈话。对我而言，这是一次奇妙又难忘的经历。如果我当时没有放下报纸全身心投入交流的话，就会和这一切擦肩而过。

想要活在当下，就是要时刻保持对此时此刻的意识。如果一个人的注意力总是不集中，他就无法真正地享受正在经历的事情。相反，只有对正在发生的事情保持高度关注，全身心地投入到此时此刻之中，那些曾经被忽视的感觉才会重新被我们发现。为了训练活在当下的能力，我们一起来做下面两个练习吧。

练 习

列出自己为重要场合或重要时刻准备的所有物品。然后，现在就开始使用它们吧！别担心它们会被用坏。物品在被使用的过程中，会逐渐形成一种独特的魅力和意义。

看看其他人是怎么做的吧：

• 那件买了还没舍得穿的新衣服，拿出来穿上吧。

• 睡觉时别再穿旧睡衣了，换一件好看的新睡衣吧。

• 把那些落满灰尘的贵重餐具拿出来用吧，别等到节日再用了。

• 抽屉里那支贵重的笔，别不敢用，别害怕弄丢它，大胆地去书写吧。

• 今天去超市购物时，好好地打扮一番，就像即将遇到此生挚爱一样。

• 在家待着时，也可以喷点香水，让自己心情愉悦。

• 给自己泡杯茶，就好像有客人来了一样，即使只有你自己在享受。

• 整理你的办公桌，享受那份由整洁带来的愉悦。

• 晚餐时，点上几根蜡烛，增添一份浪漫氛围。

练 习

养成一种习惯，那就是每天在笔记本上记录下那些让我们感到美好的瞬间。这么做有助于我们更加珍惜和回味生活中的美好时刻，同时也能够培养我们的感恩心态。

看看其他人是怎么做的吧：

• 我决定在训练时专注于自己的感受，完全不去想是否要达到某个目标。我已经有一段时间没有注意到篮球弹跳时发出的声音、球皮粗糙的触感，以及投球时手臂的角度了。我的最新目标就是专注于这些感受，仔细聆听和体会。当我用这种状态训练时，我感到时间过得飞快，我一直在探索，并且不断有新的发现。我从未想过我的投球动作是否标准，练得好不好，我只是让自己完全沉浸在触摸、弹跳和聆听带来的感受中。

• 孩子们吃晚饭时，我决定坐到他们身边，不再一味地催促他们"快点吃"。平时看他们吃饭那么慢，我总是觉得难以忍受。此刻，我决定仔细观察他们的脸庞，那光滑稚嫩的脸蛋，白皙如瓷的肌肤，眼睛里闪烁着好奇与活泼的光芒。他们不停地问我："妈妈，……是真的吗？"我耐心地回答着他们的问题，被他们的童言稚语逗得开怀大笑。不知道过了多久，我们才吃完饭，我整个人都陶醉在刚才那一刻的温馨和幸福之中。这一切真是太美好了！

把收获的一切都记录下来，能让你更加深刻地意识到当下的珍贵。对周围发生的事保持关注是一种能力，而这种能力通过有意识地训练，人人都能掌握。

故事的最后，我"威胁"奶奶说，我每天都会去她家检查，如果发现她没有把新杯子用起来，我就把它们统统带回来。就这样，奶奶的杯子现在每天都"活在当下"，它们再也不用满身灰尘地躺在架子上，无奈地目睹时光的流逝了。

5

我的悲伤难以由他人治愈

命运不是生来注定的，而是取决于人们自己的行为。

——欧里庇得斯

当我们陷入悲伤时，他人虽然可以给予我们支持和安慰，却无法彻底治愈我们的伤痛。不要把自己的人生寄托在别人身上。许多人不愿意为自己的生活负责，总是寻找借口，比如："谁让你不和我一起去呢？""我一个人怎么去呢？""这样太无聊了，我不想坚持下去了。""我只是需要有人推我一把。"他们有各种理由让自己安于现状，也有充分的借口不去改变。有了这些借口，他们就有了不用对自己负责的理由，不再积极参与自己的人生，同时也减轻了内疚和悔恨的感觉。

我们常常犹豫要不要走出舒适区。走出舒适区意味着我们要放弃眼前的快乐，而待在舒适区可以让我们轻松地过日子。虽然待在舒适区能帮我们逃避痛苦，减少负面情绪，但长期来看，却容易让人陷入虚度光阴的焦虑和悔恨之中。事实上，没有痛苦，就没有成长和改变。

人和人之间会形成依赖关系，这种关系不仅存在于伴侣之间，还存在于孩子与父母之间、朋友之间、同事之间等。当然，人们并不总是因为害怕孤独才产生依赖关系，而是因为有些事情确实需要他人协助才能完成。依赖关系的背后还隐藏着其他好处：如果有人陪你一起参加某项活动，你会更有意愿、更果断、更有动力，也更容易感到快乐。然而，当你依赖的人选择退出或有事无法参加时，你可能会放弃这个活动。每当你以"没人陪"为借口时，你或许会感到一时的轻松，但实际上，如果你不找借口，独立行动，你的感觉会更好。

依赖他人固然不错，但这不能成为推动你前进的动力。理想的状态是，你能够独立做一些事情，并享受这个过程。如果有人想加入，那当然欢迎，但不要让别人的去留来决定你是否参与、是否坚持，决定权要掌握在自己手中。

我总结了一些常见的不习惯独立行动的原因，并提供了对应的解决方法，希望对你有用。

担心别人的看法

我们之所以不敢独自做事（比如独自吃饭、看电影、旅行），其中一个原因就是担心别人的看法。如果某项活动通常都是有人陪着才会去做，而我却独自去做了，别人会怎么想呢？

他们可能会以为我没有朋友，觉得我这个人很无趣，或者很奇怪。实际上，当你在电影院里看到有人独自观影时，你可能也会产生这样的想法。这只是你的偏见，并不代表其他人也会这么想。即便他们真的这么想，那又有什么关系呢？你并不认识他们，甚至这辈子都不会认识他们。说不定，有些人还会欣赏你的行为，心里想：哇，这个人可真有个性啊！一个人看电影也很享受的样子，真希望我也能有这份勇气。

★解决办法

大胆一些，把自己置于那些你认为会尴尬的境地中。从最简单的事情开始，比如一个人去咖啡店喝杯咖啡。把你不好意思独自去做的所有事情都列出来，然后逐一去尝试。每次体验结束后，评估一下你的尴尬程度和幸福程度，看看过程中哪些方面让你享受，以及这些事情是否像你一开始想象的那样难以忍受。

患有社交恐惧症[①]

过于害羞，觉得自己的社交能力太差，不擅长和人打交道，严重者甚至患上社交恐惧症，这是很多人不愿独自出行的一个重要原因。"我怎么可以一个人去上拉丁舞课呢？没有人会愿意和我跳舞的！我不知道可以和谁聊天，也不知道聊什么，我

---

① 社交恐惧症：害怕被别人审视，导致对社交场合回避的精神障碍。

会独自一人，不知道该怎么融入……"好了，别这么想了。克服社交恐惧症的最好方法就是让自己置身于必须与人交往的情境中。如果你总是和朋友一起去上兴趣课，那么你与他人的互动就会大大减少。你可能会错过一些有趣的人，因为你一直待在自己的舒适区里，只和那些你熟悉的人交流。

★解决办法

参与一些需要与人互动的活动，如戏剧表演、群舞、团队出游或烹饪课程。练习社交所需的各种技巧，比如寻找对方感兴趣的话题，在交流中保持目光接触、对人微笑、耐心倾听。记住，一切能力都是可以通过训练来提升的，社交能力也不例外。

当然，在社交过程中，你可能会胡思乱想，比如过分在意别人的反应，思考自己是否跟上了对方的思路，或者担心自己没有得到大家的喜欢。其实，只要你保持微笑、态度诚恳、乐于倾听，表现出对他人的兴趣并持续做出回应，你就很可能会赢得大家的喜爱。我来告诉你什么样的表现容易惹人讨厌：觉得自己什么都懂，不给别人插话的机会，表情过于严肃，傲慢自大，以自我为中心。

其实，在一个群体中被人喜欢是很简单的。首先，你要接受这样一个事实：你会被一些人喜欢，也会被一些人讨厌。不要抗拒这个想法，顺其自然，把注意力集中在保持微笑上。爱笑的人看起来更亲切。如果你担心自己在这个团队中不受欢迎，那么你可能会过分关注一些负面的迹象，比如谁用不信任的眼神看你，谁不爱对你微笑。如果你转变心态，相信自己会受到大家的喜欢，那么你将会注意到别人投来的友善的目光。

懒惰

不愿独自做事的第三个原因是懒惰。有时，我们需要别人的鼓励，需要有人把我们从沙发上拉起来。确实，有人陪在身边会让我们更有动力。比如，你和别人约好了出去跑步，做出承诺就意味着你要承担责任。所以，当你破罐子破摔，不想出去受累时，也许"不能随便放鸽子"的想法最终会促使你起床。

★解决办法

设定一个可以激励自己的目标。如果目标没有实现，就想办法离目标更近一些。你可以找各种方法来激励自己，并学会高效地利用你的意志力。你的意志力并不比别人差，只是你没有习惯利用它而已。你必须拂去它上面的灰尘，并坚信它与你同在。如果你早早就认定自己是意志薄弱的人，那么这个想法就会成为你的借口。意志力这东西，你是有的，大胆利用起来吧！

担心得不到别人的认同

有些人总是担心自己得不到别人的支持或认同，即使他们有厉害的提议和绝妙的想法，也不敢轻易开口。所谓的支持并不仅仅是经济上的，也包括精神上的。比如，"其他人认为我的想法不太好，实施起来很复杂。他们说这会让我付出巨大的代价，而且短期内看不到什么收益。"一位伟大的物理学家说过："那些说不可能的人，不该去打扰那些正在做事的人。"所以，请无视那些打击你的人。你唯一需要的认同就来自你自身。怀揣梦想的同时要保持脚踏实地，要让良好的判断力、常识和责任感始终指引你前行。

★解决办法

对于你跃跃欲试想要去做的事情，首先要权衡利弊，思考这是一次勇敢的冒险还是一次鲁莽的行为。仔细考虑需要投入多少时间、金钱和精力来完成它。如果你真的对此充满热情，那么现在就可以开始规划了，但在过程中永远不要忽视常识。有些目标可能一天就能实现，有些目标则需要数月甚至数年的时间才能实现。重要的是，要行动起来。

面对那些说"你疯了"的声音，要学会辩证地看待。别人的意见可以听，但不要让那些意见束缚了你。想想他们的话有没有道理，或许他们的观点能帮你看到之前未曾注意到的方面。激情往往会让你忽视可能出现的问题。当然，这些问题不应该成为你放弃的理由，反而应该成为你前进的动力，促使你积极寻找解决方案，让你的想法变得更加全面和完善，让本就闪光的点子更加耀眼。

自卑

有些人由于自卑，缺乏自主性，常常依赖他人。他们感觉自己能力不足，也没有什么资源，于是不重视自己的价值，并且认为有别人的帮助一切都会变得更容易。

★ 解决办法

别再觉得不找个依靠，自己就像半个橘子一样不完整。你是一个完整的个体。别总是数落自己的不是，要用积极的话语鼓励自己："我一个人就能做到，犯错也没关系，重要的是要勇敢尝试。"

将失败看作你人生道路上的一部分。别认为失败会让你沉沦，还会招来别人的批评，这种想法是大错特错的。人们更欣赏那些勇敢的人，甚至是勇于犯错的人，而不是那些胆小懦弱、过着一成不变的生活的人。谁会喜欢弗兰德①呢？答案是没人喜欢——至少我不喜欢。大家爱的都是辛普森一家。

让我们来总结一下。为了不要一个人做事，我们常找的借口有以上这些。当然，每个人的情况会有所不同。很多人在开始改变之前，总是把事情想得很可怕，仿佛"一失足"就会造成"千古恨"。不过，几天后他们便意识到，之前的自己简直是杞人忧天。为了验证这件事，你可以试试下面这个练习。

---

① 弗兰德：美国著名动画情景喜剧《辛普森一家》中的人物。

练 习

拿出你的笔记本，写下对这些问题的思考。

• 如果我一个人做这件事，最糟糕的情况会是什么？

• 如果发生了最糟糕的情况，我能够承担这个风险吗？我能找到应对方法吗？还是说干脆就无法挽回了？

• 现在对我来说如此重要的事，几天后还会这么重要吗？

还有一个好办法，那就是寻找一个榜样，观察他是怎么克服困难、走向成功之路的，然后进行模仿。我们可以上网搜索，探究那个优秀的人是如何迈出第一步的，以及他成功的秘诀是什么——是超强的创造力、对所做之事的热情、身体健康，还是想要获胜的野心？

我曾经看过一部非常激励人心的纪录片，是关于参加艾迪塔罗德狗拉雪橇比赛的雪橇手和拉橇犬是如何训练的。有人说，艾迪塔罗德狗拉雪橇比赛是世界上最艰苦的赛事。这条赛道全长约 1800 千米，其中要穿越荒凉的冰雪高原——这里常常出现大风、暴风雪以及所有你能想象到的恶劣天气。参赛者要做的就是带着自己的狗狗奔向终点。

对参赛者来说，坚持完成比赛本身就是一种荣耀。这些完成比赛的雪橇手让人敬佩，在我看来，他们的伟大之处就在于他们不过于依赖任何人，而是靠自己竭尽全力地训练。

看到这样的纪录片，你会感到振奋，甚至热泪盈眶。你会突然觉得自己充满了力量，因为你意识到，如果有些人能够超越自身极限并成功实现目标，那么你也同样可以。当你受到这样的激励时，就意味着是时候做好准备、采取行动，去实现自我蜕变了。当然，这一切都要靠你自己去完成。

在本篇文章结束之际，我希望你不再问自己"我需要从别人那里得到什么"，而是思考"谁需要我"。当一个人能够独立解决问题时，他就会迈向更高的境界。他不仅不再依赖他人，还能为他人的幸福贡献自己的力量。

有一条阿拉伯谚语是这样说的："想做事的人会找到办法，不想做事的人只能找到借口。"不要管别人是不是相信你，你要相信你自己。谁也没办法陪伴你一生，只有你自己能陪着自己走下去。你是你自己的依靠、你的拐杖、你的支柱。你必须明白，你就是你自己的靠山！

6

"桃罐头疗法"

> 我评定一个人的真正价值只有一个标准，即看他在多大程
> 度上摆脱了"自我"，他摆脱了"自我"又是为什么。
>
> ——阿尔伯特·爱因斯坦

我观察到，不管是爷爷奶奶家、父母家还是我自己家，好像总会有一瓶桃罐头。我不知道为什么家家都有桃罐头，因为大家并不会经常吃它。因为不常吃，所以我不清楚它摆放的具体位置：是在食品储藏室，还是在架子上的某个角落呢？其实对我和家人来说，它放在哪里、有没有过期都不重要。相信桃罐头在大多数人家的待遇和在我家一样，几乎不会被注意到。

但是，我非常清楚巧克力、意大利面、水果、蔬菜放在哪里，不仅如此，我还知道其中哪些是在厨房里放了很长时间的，哪些是新鲜的。为什么呢？因为这些食物对我来说是有用的，是有实际价值的。我会把它们消耗掉，再补上新的，还会为它们安排好摆放的位置……总之，我经常与它们打交道。

当我的患者向我谈起他们的恐惧及其他负面的想法时，我总是告诉他们，对待这些负面想法的最佳方法就应该像对待家里的桃罐头那样，别去过分在意。如果你把桃罐头看得过于重要，不停地想：我的桃罐头过期了吗？要是我吃了过期的桃罐头，会不会食物中毒？我真是个傻瓜，明知道自己不怎么吃还买。我从来不吃，就那么一直放着，最后硬生生地把桃子放坏了。要是我心血来潮打开吃了，准得生病。这样想来想去的结果就是，桃罐头会成为你关注的焦点之一。每次你走进厨房，你都会想到那瓶该死的桃罐头，它变成了你生活中一个令人紧张的重要角色。

一些不好的情绪，如焦虑、沮丧或恐惧，并不是由桃罐头或你的任何具体想法直接引起的。它们之所以产生，是因为你为这些想法赋予了过多的价值，你与它们纠缠不清，在头脑中为它们腾出空间，并持续关注它们。

接纳与承诺疗法①是心理学领域的一场革命。为了不再受困于那些讨厌的想法，我们需要将"接纳"与"聚焦当下"结合起来，这样有助于自己逃离那些折磨。

在我看来，人的担忧主要可以分为两种：有用的和无用的。当然，这种区分不是要给你的想法都贴上标签，而是为了把无用的担忧赶走。有用的担忧是可以干预和控制的，而无用的担忧则不能。不幸的是，我们的大部分担忧属于第二种。

---

① 接纳与承诺疗法：一种接纳无法控制的、承诺并实施能丰富自己生活的行为活动的治疗方法。

让我们做个聪明人。关注自己能掌控的事才是明智之举，而将精力投入到我们无法控制、不取决于我们，或是要花上好久才能弄清楚的问题上，则是不明智且荒谬的。别忘了，总会有不确定的事情发生。学会在不确定性中生活，我们才能收获幸福。

许多人在咨询时告诉我，他们打算如何"应对"一些重要问题（包括他们在生活中、工作中遇到的种种难题）。我想，他们更需要明白的一点是：难题能否解决并不完全取决于自己。如果你试图去操心那些你无法掌控的事情，那对自己来说实在是太不负责任了。西班牙人总是习惯把"担忧"和"负责任"联系在一起，但为自己无法干预和控制的事情担忧是毫无意义的。真正的负责任应该是有意识地选择头脑中的想法，让自己保持平静，以便在面对无法干预和控制的事情时，我们能有一个良好的状态去应对。如果担忧真的能带来有利的结果，比如让你刷新比赛纪录，让你变得更积极，让你喜欢的人最终答应和你约会，那么这个担忧还算有意义。事实并非如此。对你而言，唯一有意义的就是关注自己可以掌控的事。对于掌控不了的事，忽略掉就好，这才是有效应对问题的方式。别再担心了，反正你也没有解决办法。翻来覆去地想这想并不会让你更加清醒和果断，也不会让你在困难来临时更有胸有成竹的感觉。

无用的担忧有哪些？

想象一下，一个顾客带着对你的不满离开了你工作的商店。他其实是一个缺乏教养的人。尽管你当时一直尽力满足他的要求，并始终保持着友善的态度，却因为他气冲冲地离开，在接下来的几天里反复琢磨这件事，不断自责。客户的反应和他本人的性格是你控制不了的，但对既定事实的解释，以及你赋予它的价值，却取决于你。你用几天的时间来思考一个不可能改变的事情，毫无意义。当然，你可能认为有这种负面感受就是在对发生的事负责，如果有人不满意地离开，你便理应对此感到难过。但我要大声告诉你："别这样！"

当然，你可能会花上一些时间思考：如果能回到过去，我会怎么做？不管你怎么想，都无法解决问题。这时候，需要"桃罐头疗法"出马了。也就是说，忽略这件事情。你赋予它越多的价值，它就越折磨你。更糟糕的是，这除了会破坏你自己的幸福感和平衡感，还很有可能会影响身边人的心情。几天后，当你发现什么都没发生时，你便会因为无缘无故地让自己度过了如此糟糕的时光而感到懊恼。你唯一需要负责的事，是想想什么能让你享受现在，然后直接去做！除此之外，没有别的。

还有一个例子。请再设想一下，你是一个运动员，正在为今年的大型体育赛事做准备。你训练得很好，感觉也很棒。你通过了赛前的每一项测试，并实现了为自己设定的目标。然而，尽管有客观、可靠的数据显示，你的身体状况良好，并且有几次训练刷新了纪录，但你仍然担心："我能以良好的状态参加这次比赛吗？我可千万不能受伤啊！"那么这些担忧有用吗？你只是在一遍遍地强调"无论我表现得多么好，总是有可能无法参加这次比赛"，除此之外，还有其他作用吗？没有。这就是无用的担忧。它不仅解决不了任何问题，反而会让你觉得无能为力，并产生负面情绪，比如焦虑和恐惧。

如果你对这项赛事倾注了全部的精力，那么一想到自己有可能遗憾缺席，你一定会觉得天都要塌了。这种想法是人之常情，但一点儿用都没有。如果非说有什么用，那也只会让你害怕的事情更快地到来。因为"自证预言"理论认为，人会不自觉地按照已知的预言来行事，最终导致预言的实现。这意味着，当你去训练时，你会更多地关注身体的不适感，浑身上下给自己找毛病；你会不停地在思想上自我惩罚，总觉得还有很多没做到的，却对已经取得的进步视而不见；你还会歪曲信息，只为了可以与担心的事情"碰面"。

人们总是觉得，不担忧是不可能的。确实如此，不好的事情可能会出现，但如果我们总是过于关注它们，那它们就会越来越频繁地出现在我们的脑海中。如果我们能把它们想象成一瓶桃罐头（也就是说，以一种轻松的方式去看待它们），它们就不会再折磨我们了。反复想这些事并不会让你找到最优解。相反，如果不改变对无用的担忧的态度，那糟糕的想法可能就要慢慢成真了。很多时候，过分纠结只会让情况变得更糟，因为你赋予了糟糕的事情更高的价值。对付担忧的真正诀窍不是去找能让你放松的东西，而在于学会接受这些想法：是的，我可能会因受伤而缺席比赛；是的，客户不满意地离开了……这些想法其实也不会带来什么实际影响。记住，担忧并不会给你带来一个幸福的结局。

如何摆脱无用的担忧

"别想了，别自我折磨了。"虽然这些话听起来容易，但做起来难。接下来，我们将进行一系列练习，目的是让你学会把无法控制的事情放到一旁，让自己抽离出来，从而享受你所拥有的唯一的快乐时刻——那就是现在。

别再胡思乱想了，别在死胡同里徘徊了，别为脑海中一闪而过的负面念头赋予过多价值。它们只是想法，仅此而已，就像电影《和平战士》传达的核心精神一样："能代表你的，唯有你的行动。"

想让这些想法消失，最简单的办法就是不再关注它们。就像面对发脾气的小孩子一样，采取不关注的态度。或许你觉得应该反其道而行之，干脆用逻辑推理技巧来说服自己。但是，这种做法往往无济于事。

从现在起，你可以尝试以下方法。不必全部实践，而是一个一个地去尝试，直到找到适合自己的方法。有些人可能觉得在解决问题时开玩笑很轻浮，那么这种方法就不适合他们。要找到一种对自己来说既简单、好记又感觉舒适的方法，然后不断重复，绝不轻易放弃。改变认知需要时间和努力，不是一蹴而就的。毕竟在过去的那么多年里，你更多采用的是"无用的思考方式"。

（1）不要和你的那些"有毒"的想法对话。你一定很少和不喜欢的人，或者那些让你觉得耗费精力的"有毒"的人交谈，现在对自己也应该如此，不要和那些"有毒"的想法对话！

（2）转述你的恐惧。"转述"意味着把你头脑里的恐惧想法用语言表述出来。比如，你非常害怕坐飞机，害怕发生事故，坐飞机时脑海中有一个声音不停地对你说："好吓人，底下是汪洋大海，我感觉飞机要掉下去了。"为了缓解自己的紧张情绪，你查了飞机失事概率的数据，安慰自己遇到空难的可能性很低，可还是没有办法保持冷静。这个方法你已经用了几百万次，但一点儿帮助也没有。可见，寻求解释只能给你的心灵带来短暂的、具有欺骗性的平静。那么，你现在就要试试"转述恐惧"的方法，你要逐字逐句地大声重复："好吓人，底下是汪洋大海，我感觉飞机要掉下去了！"然后轻描淡写地回一句："哦，好的。"

（3）当那些"有毒"的想法涌现时，比如"我感觉状态不佳，对一个小时后的比赛一点儿信心都没有"，你可以用一些话来提醒自己转移焦点，比如"谢谢你，我的大脑，但我现在要想想更积极的方面"。你无法让大脑停止产生"有毒"的想法，但你可以选择想哪些事。因此，想想什么能让你远离恐惧和焦虑，比如想想你的上局比赛有哪些精彩表现，想想你在场上的位置，想想比赛期间对自己说点什么才能让自己保持较高的专注度。

（4）剥夺负面想法的价值。对你的负面想法说这样的话："你看看你，多么讨厌。总是让我觉得没有安全感，觉得自己不够格。现在，麻烦你站到我这边来吧。快看，和我一伙的你是多么美丽又珍贵啊！"这样，你就可以把主动权掌握在自己手中，将注意力从负面想法上转移开，或者直接嘲笑那些负面想法，对它们说："你们真可笑，何必在那儿杞人忧天！"请记住，如何与"有毒"的想法打交道，选择权在你手中。

（5）当你的恐惧以想法的形式出现时，试着让它具象化。你可以把你的恐惧想象成那瓶桃罐头。实际上，罐子里并不一定非得装桃子，你也可以在你的罐子里放上鼓励自己的话："这次面试我没通过，一定是有比我更优秀的候选人，但是这并不说明我很差。"你可以继续考虑，准备多大的罐子合适，给罐子涂什么颜色好看，保质期设置多久，生产地设在哪里，要不要加上"原产地认证"的标识。在这个练习中，我们是在"把玩"自己的负面想法，赋予它形状和色彩，从而接受它的存在，不再与它对抗。哦，对了！不要忘了这象征性的一步：将你的"恐惧罐头"摆在桃罐头旁边，让它们肩并肩。

（6）还有更简单的方法，只需将食指放在嘴唇前，做出人人都懂的"嘘"的手势，就像要求某人闭嘴那样。想象一下，你正在认真学习，大脑里却有一个声音在不停地骚扰你："你没时间了，要不及格了，付出那么多努力怎么一点儿用都没有。"嘘！"你可以边做手势，边对负面想法说："请安静，我在努力学习，我想集中注意力。"然后立刻将注意力集中到笔记和书本上，或者其他正在做的事情上。不用讲道理，不用评判，叫它闭嘴就好，连生气都没必要。请记住，它那么做并不是为了故意气你，只是想提醒你未来存在的风险。

练 习

在笔记本上，用醒目且美观的字写下如何应对那些讨厌的负面想法。完成后，用手机拍照并将照片设置为手机壁纸。这么做有助于加深记忆。坏习惯之所以难以克服，是因为它们往往比我们的改变意愿更加根深蒂固。当然，可以将手机壁纸设计得更具视觉吸引力，效果会更佳。

至于规则要怎么写，以下是我的一些建议：

- 不要反复琢磨你的负面想法。
- 别对你的恐惧讲道理，那并不能使你放松。
- 不要对你的恐惧可能引发的后果做任何价值判断。
- 不要对还没发生的事进行灾难性的预测，不要自己吓自己。

- 不要让你的恐惧超出应有的范围。

为了和"有毒"的想法说再见，你应该：

- 不去评判，看看会发生什么。
- 不去关注消极的、负面的事情。
- 剥夺负面想法的价值。
- 冷落那些负面的想法。
- 将注意力的焦点转移到当下。
- 用滑稽的语气同负面想法交谈。
- 对负面想法发号施令。

我在前面已经举过很多例子，都是关于如何与自己的负面想法打交道的。在这个问题上，你需要发挥自己的创造力。你得找到适合自己的一套方法。那些来找我咨询的人，他们的做法千奇百怪。有的会把自己的负面想法放到替补席上；有的把它们扔进垃圾桶；有的干脆放它们过去，让它们像肥皂泡一样在脑海里飘过，静静地等待它们离开，而不做任何干预。

7

"特蕾莎修女疗法"

对一个人最真诚的赞美就是模仿他。

——佚名

我们身边总有一些非常优秀的人，他们富有魅力，人际交往能力强，思维敏捷，在任何场合都能巧妙应对，不仅如此，他们还温柔善良、乐于助人、懂得倾听、聪明绝顶、足智多谋、成熟稳重……（此处省略数百种美好特征）。这些人给我们留下了深刻的印象，我们常常希望自己能变得像他们那样优秀。人类对自身不具备的品质充满渴望，并认为一旦拥有它们，便会感到满足、充实和强大。我们渴望改变，渴望变得更好。这些改变不仅仅是指学习一门新语言或养成健康的生活习惯之类的，还包括一些更为深刻、复杂的改变。当你未能达成那些本可实现的目标，你所做的努力全部付诸东流时，你往往会产生强烈的挫败感，以至于没有心情思考自己在为人处世方面存在的问题。你可能会说："我连健康饮食都做不到，怎么能做到更有耐心、少些冲动呢？我天生就是这样的！"记住，你的为人处世的方式会在很大程度上决定你的人生轨迹。有多少次，你因为行为或思维上的局限而受到束缚，错失了机会？

我们的性格、为人处世的方式都是可以改变的。只要我们对他人表现出尊重，不干涉他人的生活，不管他人的闲事，就可以把更多的精力放在自己身上。虽然性格中的某些特征是天生的，由遗传因素决定，但这并不意味着不能通过后天的训练来改变。

在改变的过程中，我们需要明确两点：一是目标，即我们希望成为什么样的人；二是学习方法，即我们要如何实现这一目标。我并非要求你摒弃现有的特质，而是建议你用渴望拥有的特质去替换它们。既然你选择了改变，那么让我来为你提供一种简单又高效的学习方法，即"通过模仿来学习"。众所周知，孩子们天生热衷于模仿：他们喜欢模仿自己看到的、听到的、感受到的和体验到的一切。模仿就是将观察到的内容重现出来，就像复制一样。当然，你无须拥有硕士学位才能复制，许多人在这方面很擅长。

当你想要尝试这个学习方法时，你必须持之以恒地反复练习，直到将这个方法彻底融入你的生活。很多年轻人总想着投机取巧，殊不知，那样做不如踏踏实实、刻苦用功地学习来得有效。

强大的镜像神经元

为什么要通过模仿来学习？有什么依据吗？把一个孩子放在猴子面前，他往往会模仿猴子的某些动作；把一个孩子放在成年人对话的环境中，他往往能复述出他不太明白的词语。其实，将一个孩子置于任何场景中，他都会专注地观察并模仿他所看到的行为。阿尔伯特·班杜拉对观察学习进行了科学的补充和完善。他认为，人类许多复杂的行为都是通过观察学习获得的，学习者无须事事通过亲身接受外来的强化进行学习，而是可以通过观察别人的行为，代替性地得到强化。

我们的大脑是一台精妙绝伦的机器，里面有一种名叫"镜像神经元"的细胞。这种神经元非常特殊，它能让我们对所见的景象以及他人的感受产生同理心，也能帮助我们模仿、再现所见的行为。许多优秀运动员曾通过观察自己的偶像并模仿其动作来提升自己的技术。也就是说，他们仅仅通过模仿别人的行为，就能提升自己的表现。他们先把看到的记录在脑海中，保存下来，练习的时候再从大脑中提取出这些影像，然后反复练习。

当然，我们的目的不是复制一切，而是去模仿那些我们欣赏的行为或特质。如果一个人不认可暴力行为，那么他就不会无缘无故地模仿别人大喊大叫。但要小心的是，儿童和青少年往往缺乏足够的判断力。如果你作为父母、老师或教练对他们大喊大叫，他们可能会把这种行为误解为权力的体现，然后进行模仿。

镜像神经元的发现在心理学界引起了巨大轰动。一直致力于行为神经学研究的神经学家 V.S. 拉马钱德兰曾表示："镜像神经元的发现对心理学的影响，堪比 DNA 的发现之于生物学。"借助这些神经元，我们能够将他人的行为内化为自己的行为。相关研究发现，人们不仅能模仿观察到的行为，还能模仿感受和意图。这种学习能力使我们能够预测他人的行为。通过预测他人行为来优化社交决策，是人际交往的一项基本技能。

这是否意味着因为我们是模仿者，所以就不需要为自己的行为负责了呢？很多人可能会以"哦，我看到别人就是这么做的"作为逃避责任的借口。答案是否定的。没有人会想要模仿自己讨厌的人。许多在童年时期遭受虐待或目睹家庭暴力的孩子，在成年后选择以完全相反的方式教育自己的孩子，坚决摒弃自己曾经经历并厌恶的教育方式。可见，我们都倾向于模仿自己欣赏和认同的人物。

因此，请铭记以身作则在教育中的重要性，因为这是一种行为示范。我们对员工或孩子的教育，应当以我们希望他们秉持的价值观为基础。如果你自己都不遵守规定，随意向窗外抛物，或在交通信号灯由红变绿时对行人猛按喇叭，那么就别指望你手下的员工或你自己的孩子能学会遵守规定、尊重他人。

多亏了模仿的能力，我们才有机会学习到那些新的知识和技能。不过，单纯为了模仿而模仿毫无意义。如果我们要把看到的一切都模仿下来，那么一辈子的时间都不够用。因此，我们必须有所选择地进行模仿和学习。在此之前，我建议你设定一个改变的目标：你渴望拥有哪些美好的品质？有同理心、温柔、善良、诚实、宽容、积极……或者全部都想拥有？不可能一下子改变所有事情。就选定一个目标吧。遵循一个标准：要么是你最需要的，比如为了胜任工作而培养责任感；要么是你最渴望的，比如为了让自己感觉更好而培养积极的心态。

将设定的目标写下来，再写下实现目标之后的好处，这么做能让你更有动力。以下是一个示例：

我决定要变成"一个更有耐心的人"，那样我将获得如下好处：

•耐心可以带来内心的平静，让我能够更好地学习。每次烦躁时，我都难以静下心来，导致自己犯更多的错误。

•我将能够改善和教练、网球界同行以及周遭环境的关系。急躁的性格让我容易上火，多次口不择言，甚至伤害到了身边的人。

"特蕾莎修女疗法"

我在咨询中常常被问到的问题是，如何解决性格中缺乏耐心、容易急躁的问题，如反应过激、行为冲动等。缺乏耐心不仅会影响你自己的生活，还会波及与你共同生活或工作的人。很多人在不良后果初露端倪时就决定做出改变。他们告诉我，自己已经让周围的人受到了困扰，他们意识到自己正在失去朋友，办公室里的同事也在躲避自己，甚至连伴侣都懒得搭理自己。只有在这样的时刻，他们才能找到改变的动力。然而，他们一直以来都不懂什么叫耐心，便理所当然地认为改变是不可能的。他们甚至不喜欢自己，并且认为自己最终会被自身的冲动击败。

现在，该轮到我亲爱的特蕾莎修女出场了。这个例子与宗教无关。我之所以提及她，完全是出于对这个女人深深的敬意：她是如此善良、富有同情心、善解人意，如此慷慨、乐于助人、关心他人，她的人生充满了价值。我无法想象这个女人曾有过一丝暴怒、沮丧或愤慨的情绪。每当有人和我谈起他的急躁和冲动，我就会问："再次面对同样的情况，你还会如此冲动吗？有没有什么替代方案？你能做哪些改变？"得到的答案总是一样的："不知道，我没有尝试过其他方法。"这些人多年来一直以同样的方式思考、感受和反应，尽管这会对他们自身以及周围的环境造成危害，但他们没有想过还有其他选择。为什么会这样呢？因为他们认为自己没有改变的能力。我会鼓励他们反思，让他们想象一下这种情况：现在在超市收银台前排长队的不是你，而是特蕾莎修女。她很着急，因为有很多嗷嗷待哺的人等着她的帮助。排在她前面的女人动作迟缓、笨拙。现在假设你是排在她后面的人，请告诉我，你觉得特蕾莎修女会有什么反应？在我抛出这个问题之后，得到的答案几乎一致："我相信她会对前面的和后面的人微笑，耐心地等待，或者向那个笨手笨脚的人伸出援手。"我的下一个问题是："你认为特蕾莎修女在那一刻会想什么？"答案同样清晰明了："她会想，可怜的女人，她有点手忙脚乱、不知所措，我要去帮助她。"在特蕾莎的思想中，没有敌意，没有急躁。她也不会一直看表，想着别处还有那么多人需要她。对她来说，只是待在那里，与人合作，保持仁慈，就足够了。

然后，我问面前这个没有耐心的人，他是否能够模仿这种行为。我并不希望他轻率地回答"是"，也不指望他能在那种时候立刻变得很有耐心。耐心不会凭空出现，因为他平时没有养成这样的习惯。我只要求他模仿他认为行得通且欣赏的行为。这个要求的好处在于，那些想要改变的人会觉得，这很容易做到。改变自己很难，但模仿别人的行为相对简单。而模仿本身也是一种改变。然而，对于这样简单的行为，我们却不懂得欣赏它的价值。

到底模仿谁完全取决于你自己，是名人还是普通人都无所谓。我相信没有人会不喜欢特蕾莎修女，但也许你身边就有一个很好的榜样，他更能激励你。一个过来咨询的人告诉我，她的祖父是她见过的最善良的人。所以，对她来说，模仿她的祖父可能会比模仿特蕾莎修女更能鼓舞人心。有一点一定要注意：你选择的模仿对象一定要与你的目标相契合，也就是说，他是你想成为的那种人，他在你改变之路的终点向你挥手致意。在这个世界上，无论是哪种个性的人，都会有至少一位优秀代表，有的代表甚至可能是一个虚构人物。无论是真实人物还是虚构人物，他都代表着你的追求和向往。

　　既然我们已经有了目标和想要模仿的人，那么接下来就到了最为关键的一步——模仿。我的朋友胡安霍·帕尔多主持《欢乐一家亲》节目，他拥有令人惊叹的模仿能力。闭上眼睛聆听他说话的人，百分之百能够准确猜出他模仿的对象是谁。这便是与生俱来的表演天赋，有些人在这方面的确出类拔萃。当然，你不必如此，你无须将自己彻底变成某个人的复制品。我们的目的并非要与那个人完全相同，而是希望吸收他身上那些吸引我们的特质。设想一下，你正在水果店排队，这时有人插队，你不清楚他是不是故意的。这个时候，不妨问问自己："如果我的模仿对象此时正面临和我一样的情况，他会如何表现呢？"要是往常，你或许会选择沉默，但心底却暗自愤懑：怎么会有如此不文明的行为，这个人真是厚颜无耻。现在，你希望站出来有效地维护自己的权益。我建议你选择我的朋友玛丽亚作为模仿对象——她极为优雅、冷静、擅长在不引发争执的情况下捍卫自己的权益。

　　她会怎么做呢？她会抬起手轻轻拍拍对方，面带微笑、语气平和地说:"对不起,我才是第一个,我刚刚已经和服务生确认过了。谢谢!"

没有任何一种学习过程是不需要重复的。在经历了前面的理论学习之后,现在剩下的就是训练了。当你发现自己正处在有利于改变的绝佳环境之中,你就要赶快做好计划,等到时机成熟,就模仿、模仿再模仿,重复、重复再重复,千万不要停!

在改变的过程中,如果你犯了错,如果你发现事情进行得没有原来想的那样顺利,你也不要放弃。成为你想成为的人需要时间和耐心。当你坚持不下去的时候,你可以这么想:"对我来说,任何微小的改变都是一种进步,现在的我已经比计划之初强太多了!"最新研究表明,养成一种新习惯平均需要66天。所以,要乐观一些,六十多天很快就过去了。好好加油吧!

8

寻找所做之事的意义

让每个人意识到生命的意义，也就使他有可能完成其创造
性的作品，享受到人类之爱。一旦他意识到自己是不可替
代的，那他就会充分意识到自己的责任。

——维克多·弗兰克尔

如果我告诉你，我读过奥地利神经病学家、精神病学家和
心理学家维克多·弗兰克尔的传记及其他著作，你可能不会觉
得有什么稀奇。毕竟，许多心理学家研读过他的作品。在开始
攻读心理学学位之前，我已经阅读了大量弗洛伊德的作品。那
时的我对精神分析疗法①还知之甚少，只觉得弗洛伊德的理论
极具魅力。如今，他对我来说依然魅力不减，尽管晚年的他似
乎不再像以往那样推崇精神分析。从德文学校毕业后，我再次
品读了这两位心理学家的作品，不过这次是直接阅读的德文原

---

① 精神分析疗法：通过心理分析使病人重新认识并解除处于潜意识中的冲突和
痛苦的心理治疗方法。

版。那些在翻译过程中遗失的细节都一一浮现，解答了我之前的诸多困惑。

　　弗兰克尔出生于维也纳，是意义治疗学的创始人。1930年，他在维也纳大学获得医学博士学位。后来，他获得了移民美国的签证，可以去美国继续深耕自己的专业，前途一片光明。然而，当时的他面临着一个艰难的抉择：要么拿着已经到手的签证前往美国——这意味着他可以运用自己在精神病学方面的专业知识为人类造福；要么留在维也纳照顾年迈的父母——这意味着他们可能会被送往纳粹集中营。弗兰克尔最终选择留在维也纳。他先后被关押在四个集中营里，被迫进行繁重的劳动，遭受了各种欺凌和侮辱。当他被释放时，他的妻子、父母和兄弟都已经在集中营里离世，他只能身无分文地回到维也纳生活。要知道，在被纳粹迫害之前，他已经在心理学领域有所建树，取得了显著的学术成就，并得到了弗洛伊德的赏识。他没有消沉下去，反而因为集中营的极端痛苦经历，对生命的意义有了更深刻的理解。从那时起，他逐渐成为心理学领域瞩目的人物，不仅因为他的意义疗法①和他在精神病学方面的深厚学识，还因为他的独特的生活经历——幸运的是我们没有经历过这些。他一生出版了30多部著作，四处开办讲座，不仅如此，他还是哈佛大学、达拉斯南卫理公会大学和匹兹堡杜肯大学等大学

_____

① 意义疗法：由维克多·弗兰克尔倡导，着重于引导就诊者寻找和发现生命的意义，树立明确的生活目标，以积极向上的态度来面对和驾驭生活的心理治疗方法。

的客座教授。弗兰克尔活到了 92 岁，据公开资料，他死于心脏衰竭，而不是在集中营感染的某种疾病。

弗兰克尔在他的书中透露，在集中营时，他曾多次萌生过自杀的念头。在奥斯威辛集中营，自杀是一件轻而易举的事情，关押在里面的人称其为"奋不顾身地冲向铁丝网"。然而，弗兰克尔并未选择这条路。那么，他从哪里汲取了力量呢？从他的作品中，我们可以提炼出一些关键点，正是以下这些信念帮助弗兰克尔在那个看似注定死亡的环境中幸存了下来：保持希望、寻找自己的使命、回忆美好的往事、选择积极的情绪、培养幽默感、保持"初学者心态"、接受命运馈赠的一切……

保持希望

在弗兰克尔被送往集中营之前，他不得不与挚爱的亲人告别。随后的几年里，他没有收到他们的任何消息。在集中营里，很多人相继死去。那些像他一样幸存下来的人，尽管面对的是常人难以想象的残酷条件，但还是坚持了下来。弗兰克尔和其他幸存者之所以能够在如此恐怖的环境中活下来，是因为他们心中始终怀揣着一丝希望。在经历了诸多野蛮行径之后，他们无时无刻不在期盼着能与家人重聚。

希望能给予我们生存的力量，因为它让我们坚信有一个更加美好的未来在前方等待着我们。当你失去了工作、伴侣，或是经历了病痛的折磨，你不仅需要在这一过程中妥善管理自己的情绪，还必须学会幻想，幻想未来的你克服了重重困难并过上了梦寐以求的生活。你必须相信自己会十分享受未来的美好生活，你会再次步入爱河，或是找到一份能让你充满动力的工作，抑或是在重返赛场后能恢复往日的竞技水准。幻想能激发我们内在的力量，使我们得以忍受当下的痛苦，对未来保持希望。

寻找自己的使命

在被关押期间，弗兰克尔把大部分时间花在一项研究上，即集中营的生活是如何影响人的心理的。渐渐地，他发现，那些知道自己生命中还有某项使命有待完成的人，最有可能存活下来。在他被关押于奥斯威辛集中营期间，一部即将出版的手稿被看守人员没收了。出于重写这本书的强烈愿望（对弗兰克尔而言，这是他当时的使命），他决心要战胜集中营的残酷环境，以便让自己的著作重见天日。

有了使命，也就有了方向。你有没有想过自己的使命是什么？也许你的使命是在待业期间不断提升自己，或是加入非政府组织为社会贡献一分力量，抑或是为了赢得体育奖学金而奋力拼搏。无论你的使命是什么，它都是你前行的灯塔，指引着你不断奋进。

回忆美好的往事

有时候，幻想过于遥远的未来并不现实，但你肯定会有一些美好的回忆。美好的回忆具有抚慰心灵的作用。对弗兰克尔而言，回忆起家里那张柔软的床、那些干净的衣服，就足以让他感到宽慰。

许多运动员在受伤期间，会在脑海中重温以往的辉煌战绩和精彩瞬间，用此刻无法亲身体验的荣耀来振奋自己的精神。这样的练习不仅增强了他们的信心，而且从神经心理学的角度来看，还有助于提高他们的注意力、决策能力，加强他们的运动记忆。回忆美好的过往不仅能帮助运动员缓解因伤病带来的负面情绪，还能激发他们重返赛场的强烈愿望，从而提高康复训练的积极性。

选择积极的情绪

集中营内的恐怖日常会使囚犯们逐渐变得冷漠、迟钝、麻木。不过在弗兰克尔看来，人是可以选择自己的想法和行为的。有足够的例证（常常是英雄人物）说明，人可以克服冷漠，克制暴躁，改掉自己性格中的弱点。即使是在非常恶劣的生存条件下，人也能保持一定的精神自由和意识独立。

如今，选择情绪变得尤为重要，因为这关乎我们将精力投入到哪个领域。我们必须将意义和重要性赋予那些真正有价值、真正重要的事，同时与无意义之事保持距离。我们常常不自觉地将精力消耗在无谓的争执或负面情绪之中，在不必要的情况下发脾气，还自以为有理："这就是我的真实感受，他把我惹毛了！"实际上，选择积极的情绪有助于我们以专注的态度度过人生中的重要时刻，同时远离那些对我们毫无益处的事。无论如何，该发生的事情总会发生。因此，让我们以积极的心态去面对一切，珍惜每一个当下吧！

生命中的某些时刻或许会被剥夺，但如何度过这些时刻，是我们可以自主选择的。正如一首歌中所唱的："他们可以从我手中夺走你的白昼，却夺不走你的夜晚……"

培养幽默感

没有人会相信，在有今天没明天的集中营里，还能有人幽默得出来。幽默是心理健康的保护伞。假如弗兰克尔放弃幽默和欢笑，把被监禁的每一刻都当成悲剧去过，他一定早就坚持不下去了。他在《活出生命的意义》一书中解释说，幽默比人性中的其他任何成分都更能使人漠视困苦，它能让人从任何境遇中超脱出来，哪怕只有几秒钟。

在我们生命中最恐怖的时刻，幽默往往会不期而至。这是一种自然的反应机制，帮助我们渡过难关。你难道不记得在等待进入手术室时，或是突然得知可怕消息时，那些看似不合时宜却莫名好笑的瞬间，让人忍不住嘴角上扬吗？笑容能够减轻我们的恐惧，让我们从一个不同的视角审视现实。

你看过电影《美丽人生》吗？这部意大利故事片由贝尼尼导演并主演。它曾获奥斯卡最佳外语片等三项奖、戛纳国际电影节评委会奖、欧洲电影奖最佳影片奖等。影片中，贝尼尼饰演一个与儿子一同被关押在集中营的父亲。为了不让儿子幼小的心灵遭到恐吓，这位父亲告诉儿子，他们正在参加一场特殊的游戏，获胜的人能赢得一辆真正的坦克。对他儿子而言，集中营里的生活因此变得有趣起来。虽然贝尼尼表示这部电影灵感来源于他父亲的真实经历，但需要注意的是，真实故事中并没有电影中那些诙谐的场景和大笑的声音，这些是电影的艺术加工。然而，幽默作为他们生存策略的一部分，确实存在。

保持"初学者心态"

有些人总是充满好奇，兴致勃勃地期待着明天会带来什么新奇的体验。好奇心往往能够让人保持头脑活跃、专注且清醒。而对于集中营中的囚犯来说，强烈的好奇心可以让他们在艰难的环境中找到乐子——"人们迫切地想知道今后会发生什么，结果又怎样。比如，我们常常设想自己洗完澡后赤裸裸、湿漉漉地站在深秋的寒风中，该是什么结果。随后的几天，我们的好奇变成了惊讶，惊讶的是我们居然没有感冒。"

当过来咨询的人向我抱怨学习时难以集中注意力，或觉得训练艰难时，我会尝试激发他的好奇心，比如："这个定义能告诉你什么新知识？了解这个群体的历史有何重要意义？你对这项训练有何个人感受？在训练中，你的哪些肌肉得到了增强？这对你来说有何益处？"对自己所做之事保持好奇心是有益处的，它能让最艰难的时刻也充满意义。许多事情由于已成为我们生活中的常态，在我们眼中逐渐失去了价值和意义。失去好奇心，是因为看电影、购物、登山、聚餐、在海边晒太阳这些事对我们来说都习以为常。假如这一切都是初次体验呢？或者你能像初次体验那样去感受，假装第一次遇到大促销，假装第一次踏入甲级联赛的球场，假装第一次去海边度假……你会用怎样好奇的目光去观察，又会怀揣着怎样的心情去感受呢？这种"初学者心态"有助于你保持对世界的新鲜感和探索欲。

接受命运馈赠的一切

弗兰克尔在他的书中写道："生命最终意味着承担与接受所有的挑战，完成自己应该完成的任务这一巨大责任。"

对于你无法左右的事，采取接受的态度可以让你节省体力和脑力，以便在需要时加以运用。对于弗兰克尔而言，抱怨、大发雷霆或自残只会让他遭受更多的责骂，甚至危及性命。你一天中会抱怨多少次呢？你浪费了多少时间在批评、抱怨那些无力改变的事情上？答案是：非常多。然而，这些抱怨并没有改变任何事情，哦，不，确实有所改变，但改变的只是你的心情——因为一旦开始抱怨，你的情绪就会随之恶化。

拥有爱和信仰

弗兰克尔表示，正是在集中营的那段经历，让他开始领悟了爱的哲学："爱是人类终身追求的最高目标。我理解了诗歌、思想和信仰所传达的伟大秘密的真正含义：拯救人类要通过爱与被爱。我知道世界上一无所有的人只要有片刻的时间思念爱人，那么他就可以领悟幸福的真谛。在荒凉的环境中，人们不能畅所欲言，唯一正确的做法就是忍受痛苦，以一种令人尊敬的方式去忍受，在这种处境中的人们也可以通过回忆爱人的形象获得满足。"他能够在脑海中清晰地勾勒出妻子的形象，往昔的记忆和对她的深情能让他感受到幸福。

对他人、对所做之事的爱，是幸福感的源泉，而这种纯粹的感受赋予了生命深刻的意义。爱与激情是相辅相成的。我曾看过一部根据高尔夫球手塞维耶罗－巴耶斯德罗斯的真实经历改编的影片。看到毅力和努力引领他抵达心中所向，直到攀上职业生涯的巅峰，我深受触动。最令我惊叹的是他对高尔夫球的热爱。他自幼年起，便对高尔夫产生了浓厚的兴趣。为了培养这一爱好，他总能克服种种困难。据说，他用一个自制的球杆学习击球，因为他买不起真正的球杆，而他的高尔夫球是鹅卵石。没有草地，他就在海滩上练习。他梦想成为世界上顶级水平的高尔夫球手，并最终实现了这一梦想。有了明确的目标，自然就有了行动的方向。他在训练上投入了常人难以想象的努力，整天所思所想都是如何打好高尔夫球。这份对高尔夫球的爱，让他坚信自己是胜利者，没有什么能够阻挡他前进的脚步。

除了爱，还要拥有信仰。面对极端困境时，信仰能赋予我们生存下去的力量。信仰与希望紧密相连。一旦失去了信仰，人生便会失去方向和意义。

不要失去内心的自由

在集中营里，弗兰克尔随时都有可能受到看守的凌辱，但他能够自由地以自己的方式来理解周遭的环境。他认为，即便在最恶劣的环境下，人依然有能力选择一条出路，有能力维护自己的尊严，不至于彻底向死亡低头。

即使在最恶劣的环境下，你想要成为什么样的人也是由你自己决定的。有些人能够从痛苦的经历中吸取教训，借鉴经验。他们在苦难中寻找意义，因为若不如此，他们的人生便会失去意义。无论遭受多大的苦难，他们也愿意深入思考这些经历能给他们带来哪些益处，对人生有着怎样的意义。当你正身处痛苦之中时，你想要找到生命的意义是极其困难的，此时最好的办法就是先接受眼前的现实。不要着急，生命的意义往往会在稍后浮现，就在你最意想不到的时候。即便在痛苦中，你也能做出选择：是沦为行尸走肉，还是将痛苦置之度外，并设法去帮助那些比你更不幸的人。因为在这个世界上，总是有比你更需要帮助的人。你是否看过这样一个小故事：一个孩子因为过年没有新鞋穿而感到沮丧，转头却看到了一个没有脚的可怜人。面对困境，你可以做出选择：要么一蹶不振，要么迎难而上。当然，并非每个人都经历极端困境，但难免会遭遇低落的时刻。在生活中，我们难免会遇到一些不公平的事情，而且往往会被打个措手不及。我们总是以为"做一个好人"就会"拥有愉快的生活"，但这两者之间并不存在什么因果关系。因为命运会在你的生活中发挥作用，它可不会事先征求你的意见再做决定。

寻找所做之事的意义

在集中营里，当身边的人感到痛苦时，弗兰克尔总是问他："是什么支撑着你到现在还没自杀呢？"而这个问题的答案就是关键，就是这个人生命的意义所在。人类为了捍卫自认为有意义的事情，有时不惜牺牲生命。这里所说的"意义"，既包含宏观事务的意义，也包含微观事务的意义。哪怕是一件微不足道的小事，只要你赋予它意义，在行动时就会拥有更多动力。因此，当你找到所做之事的意义时，内在动机的增强会降低对意志力资源的消耗，使坚持变得更容易。

在我看来，弗兰克尔的《活出生命的意义》一书，向绝望中的人传达了这样的信息：我们期望生活给予什么并不重要，重要的是生活对我们有什么期望。想一想，是谁需要你？是你的孩子、朋友、伴侣、父母，还是你的工作团队？总有人需要你，总有事情需要你去关注。这便是让你继续奋斗下去的理由。

意义与热爱是分不开的，我们更容易在吸引自己的事情中找到意义。我曾看过一项研究，内容是询问大学生对未来有什么想法。有些人回答希望赚大钱、出名，而另一些人则回答希望能够从事自己感兴趣的职业。若干年后，追踪调查发现，前者的生活质量和幸福感往往低于后者，而且后者很早就找到了人生的意义。请回过头去看看你想要争取的是什么，为什么直到现在你还没能成功？也许是设立的目标激励不到你，也许是你还没有找到其中的意义。

尼采说过："知道自己为什么而活的人，便能生存。"

9

选择你的"首发11人"

独行者步疾，结伴者行远。

——中国谚语

在足球比赛中，首发11人是指比赛一开始就出场的11名球员。这11名球员是球队的教练根据比赛策略、球员状态、对手情况等因素精心挑选的，旨在通过他们的默契配合为球队赢得比赛。显然，首发11人在比赛中起着关键作用。同样，在我们的人生中，有些人或事对我们来说非常重要，因为有他们的存在，我们才能走得更远，他们就像我们的"首发11人"。其中，有些"球员"是你永远可以信赖的，因为有他们在，你就有更大的把握在各种比赛中获胜。足球教练往往对自己的首发阵容胸有成竹，或许仅在一两个位置上有所犹豫，但仅此而已。每个人都有自己的"首发11人"，若以篮球为喻，那便是"首发5人"。当然，我指的不仅仅是人，还包括那些看似不起眼，但对你来说非常重要的小物品。

找出你的"首发11人"

我们来玩一个经典游戏：假如你只能保留 11 样东西（可以是人，也可以是物品、习惯之类的）在身边，那么，你的首发名单会有谁呢？你离不开的有哪些？别纠结于是否有电源插头之类的问题，尽情发挥你的想象力吧。

下面有一个示例供你参考：

我的"首发11人"

（1）家人

（2）书

（3）做运动

（4）健康的食物，比如很多水果和蔬菜

（5）网络

（6）朋友

（7）电脑

（8）旅游

（9）工作

（10）笔和便利贴

（11）音乐

列出这样一份清单并不容易。有的人说 11 个太多了，有的则说根本不够。

我曾读过这样一段对话：

——"你为什么这么幸福呢？"

——"因为我可以自己做决定。"

列出你人生的"首发 11 人"名单就是一个做决定的过程。通过它，你可以对自己有更多的了解，比如在你的生活中什么事才是重要的，什么事才能让你快乐。这个过程还能促使你反思：我是否投入了足够的时间去做对自己有意义的事呢？还是把它们埋藏在角落，只能等退休后再做？如果你想消除这些疑问，我建议你做一做下面这个练习。

练 习

连续两周，每天都坚持记日记，详细记录从起床到睡觉之前所做的每一件事情。在一天结束时，使用三种不同颜色的荧光笔来对活动进行标记：有的颜色代表你必须履行的义务，有的颜色代表让你感到享受、愉悦的活动，有的颜色则代表那些既属于你的义务又让你感到享受的活动。

两周之后，你便能很轻松地了解到自己把多少时间投入在了不得不做的事情上，又有多少时间花在了让自己快乐的事情上。荧光笔的标记为我们提供了直观的反馈。如果某项活动无法归入上述三种类别中的任何一种，那么就不需要进行任何标记。

请观察下面的例子，其中黄色代表必须履行的义务，蓝色代表让你享受且愉悦的活动，绿色代表既让你享受又属于你的义务的活动。

10 月 5 日，周一

时间	颜色	活动
7:00		起床，梳洗打扮
7:30	黄色	为全家准备早餐
7:35	黄色	叫醒孩子们
8:00	黄色	出门，送孩子上学
8:45	黄色	开始工作
11:30	绿色	和客户喝咖啡
14:00		外出午餐半小时
14:30	黄色	继续工作
18:00		下班
18:30	黄色	回到家先休息，然后收拾东西，整理屋子
19:30	黄色	帮年龄小的几个孩子检查作业
20:30	黄色	年龄大的孩子去进行足球训练了，现在结束了，去接他

21:00	黄色	准备晚餐，提醒孩子们洗澡
21:30	蓝色	与家人共进晚餐
22:00	黄色	刷碗，收拾厨房
22:30	蓝色	让孩子们上床睡觉，帮他们盖好被子，吻他们，道晚安
22:40	黄色	处理一封下午没能回复的紧急邮件
22:55		坐下来，看一会儿电视。在我看来，哪个节目都一样，反正已经累得要散架了

现在请你分析：哪些活动没标颜色，而那些标记为义务的活动能否转化为享受的活动。

很多人在做完这个练习之后，会感到情绪低落，甚至开始哭泣。就在那一刻，他们猛然意识到日子过得飞快，日复一日、年复一年，他们几乎没有为自己留出一点儿时间，几乎没有时间去做那些让自己感到幸福和享受的事情。被生活的洪流裹挟的感觉让他们变得冷漠，以至于一些本可以充满乐趣的任务（比如送孩子上下学）也变成了一种沉重的负担。当回首过往时，他们发现时间如白驹过隙，转瞬即逝。他们发现自己一直在不停地奔跑，但在这一路的奔跑中，却丝毫没有欣赏到沿途的风景。

当你没有时间去做自己喜欢的事情，或者没有充分利用好时间时，生命中余下的时光就会在不知不觉中加速流逝。现在，让我们来分析一下，你在想做的事情上投入的时间是否如你所愿那般充足。如果答案是否定的，那么你需要想一下解决方案了。是时候下定决心，给自己想做的事情留出更多时间了。不知道怎么做？你可以看一下这个示例：

我的"首发11人"名单	我喜欢做什么事？我是否给了它足够的时间？	怎么才能改变这种状况呢？
(1) 我的孩子们	我们每天都在一起，但我想和他们一起做更多的活动。我脑子里经常冒出很多想法，由于缺乏计划，这些想法都没实现	在周末来临之前，我会提前做好计划，把孩子们喜欢的活动安排进来，并确保自己不会受到工作方面的打扰
(2) 阅读	我喜欢读书，每天都会用碎片时间看书。我正试着每周至少读完一本书，这让我感觉很不错	

我的"首发11人"名单	我喜欢做什么事？我是否给了它足够的时间？	怎么才能改变这种状况呢？
（3）做运动	是的，我也特意安排了运动时间，每天只需要早起一会儿就行。我在每次运动之前都不太想动，但结束后心情会变得愉悦	
……		

幸福是有时间做自己喜欢的事

很多人已经"拥有了一切"，但他们并不觉得幸福。他们所谓的"一切"，无非是一份能带来稳定收入的工作、一个完整的家庭、一群朋友以及一副好身体。确实，对于一个连基本温饱水平都达不到的人来说，这些或许就是他梦寐以求的"一切"。然而，事实证明，生活舒适、收入高、社会地位高并不能直接与幸福画等号。因为幸福并不仅仅取决于我们拥有什么，更在于我们在自己热爱的事情上投入了多少时间。假如你家里停着一辆捷豹牌汽车，却因为害怕撞坏而从未驾驶过，那它对你来说就如同虚设。假如你有一套非常昂贵的精美餐具，却因害怕打碎而从未使用过，那它同样也失去了存在的意义。假如你永远不会放弃你的"首发 11 人"，却从未为他们花费过任何时间，那他们就如同不存在一样，即便他们就在你触手可及的地方。

因此，这实际上是对你的规划能力的一次考验，关键在于你能否在必须履行的职责和个人爱好之间找到平衡点。如果你能让这两者完美融合，那就更理想了。

当你没有把足够的时间留给你的"首发 11 人"时，你总是会找一些典型的借口：没时间，有更紧急的事情要处理，反正他们会一直存在，花时间听音乐在我看来不是正事，等待更好的时机出现再尽情享受，等等。

你需要懂得合理分配时间，无论是学习、工作，还是休闲、娱乐，都要确保生活中的各个方面都能得到应有的关注。就像你不会只摄入蛋白质或碳水化合物一样，健康饮食的关键在于保持平衡。其实，我们生活中的方方面面皆是如此。要是没有保持好平衡，你的身体和情绪也会向你发出信号的。下面我来举几个例子：

• 在经历了一段紧张的备考期之后，你会发生什么变化？在努力备考的那几周里，你可能每天只睡三四个小时，学习时保持高度的专注。一旦所有考试都结束了，你的身体可能会出现健康问题，你可能极度疲惫，考试后立即患上感冒；或者无论考试结果如何，你都会在考试结束后陷入深深的沮丧之中。你的身体在向你发出信号，疲倦、悲伤或生病都是身心承受过大压力的表现。身体在大声呼喊，迫使你休息。

• 当你对饮食控制得过于严格，不给自己留下任何余地时，你的瘦身计划往往会以暴饮暴食收场。你的身体需要糖分和碳水化合物，缺乏它们你就会变得沮丧，甚至忍不住哭泣。当你紧绷着"一定要瘦下来"的弦，不让身体获取所需的营养时，身体就会以激烈的方式反抗："快吃点碳水化合物吧，我受不了了！"你会变得非常难过，不得不摄入一些糖分来让大脑振奋一些。

• 几场比赛过后，你感到疲惫不堪，仿佛身体被掏空。不过，如果你下一场要参加的是职业晋升的关键比赛，你就不会觉得自己已经精疲力竭了，反而还能爆发出惊人的能量，因为你知道这是必要的。你的大脑和身体了解你的处境，并在需要时让你保持清醒。相反，当它们认为自己可以放松时，它们就会选择休息。它们很擅长把握平衡。

关于比赛规则

从现在这一刻起，就让你的"首发 11 人"上场吧，来踢好人生这场比赛。以下是比赛规则：

（1）你需要给自己腾出时间。如果你的日程表已经安排得满满当当，你就不可能再挤出额外的时间给自己了。出现这种情况可能是因为你的时间规划能力不足，也可能是因为你习惯于把时间用在别人身上。检查日程表，思考可以放弃哪些不重要的活动。

别感到内疚，你值得拥有自己的时间。把时间花在自己身上并不意味着剥夺了孩子、伴侣或朋友的时间。每个人都应该有自己的时间。就像你的爱可以分给多个人一样，你的时间也可以被很好地安排给身边的人，让他们享受与你共度的美好时光。

（2）你需要保持健康，做一些让自己满意的事情。这样，你才能将你的能量传递给他人。当你放弃自己的"首发 11 人"时，就意味着将享受、幸福和平衡的生活状态拒之门外。如果你对自己都不满意，就不可能与他人相处得和谐、愉快。

（3）别把自己的需求放在最后。我们每周都会遇到新的挑战，当然，有些其实算不上真正的挑战，只是一些突发状况，比如，好不容易不用带孩子去看牙医了，结果却有个会议非要占用你的休息时间，总是有这样或那样的事情打破平静。这时候，你要考虑一下这些事情是否真的紧急或重要，不要总是为了照顾别人而忽略了自己的需求。如果确实有必要去帮忙，那就去；如果没有必要，就优先考虑自己。

（4）学会说"不"。如果别人想让你帮忙、征求你的意见或想让你陪他，而这恰好会占用你的个人时间，那就果断地拒绝。给他另外一个选择："我今天不能陪你去看婚纱了，但周六早上肯定可以，你觉得怎么样？"请求你帮忙的人本身就应该有被拒绝的心理准备。说"不"是一件再正常不过的事情，但你可能会觉得这是不礼貌、不友善或不乐于助人的表现。其实，你的想法错了。

（5）别再大包大揽了。如果所有的事情都由你来做，你就不可能有时间去做其他的事情了；如果你不让别人帮你分担一些，你就无法为自己腾出时间。事实上，并不是所有人都需要你来照顾，并不是所有事都需要你亲自来做。

（6）用质量而不是数量去衡量时间。你的孩子并不需要你整个下午都陪在他们身边做作业。你只需要在检查作业时在场，陪孩子吃晚饭时不要分心就足够了。要保持好心情，才能专注地倾听他们说话。好好享受那些充满童趣的时光吧！

（7）学会尊重自己。拥有个人时间是自我尊重的一部分。当你的朋友出去跑步时，你会去打扰他吗？不会，你会认为他需要跑步，这对他来说很重要，这是他日常生活的一部分。当你确定他已经跑完了、洗过澡了、有空了的时候，你才会打电话给他。如果你觉得运动对朋友的生活和健康很重要，那么对你自己不也应该同样重要吗？

（8）通过设定明确的界限，让别人尊重你的个人空间。没空搭理别人时就关掉手机；告诉别人"我运动时不想被打扰"；想放松地泡个澡时，就把浴室的门关好；想安安静静地涂指甲油时，就把卧室的门关好。无人接听的电话、关上的门、欣赏音乐时戴上的耳机，或任何一个向他人表明你暂时不在场的行为，就是在告诉别人：这就是我的界限。渐渐地，别人就会明白，要约你就必须遵守你的作息时间。比如每天晚上 9 ~ 10 点之间不找你，因为那个时间段你在健身房。习惯会逐渐养成，所以他们会习惯你设定的界限。你只需要大胆尝试并坚持下去就好。

（9）有意识地让自己快乐。当你学会把时间花在自己身上时，你会觉得很享受，即使第二天就忘记了这种感觉。请记住，做让自己快乐的事情是一种责任，你要有意识地去履行这个责任。

你已经决定好了，"首发 11 人"将一直是你的核心，虽然眼下你可能并没有让他们充分发挥作用。在我看来，并不是积累足够多的财富是人生的赢家，而是拥有更多难忘的时刻才是人生的赢家。人生就是一场游戏，用毫不妥协的态度去参与游戏，可以让你成功地融入其中，并最终成为人生的赢家。正如一位哲人所说的："不要让这些美好的事物潜伏在门后，要让它们围绕着你，让你每时每刻都感到快乐。"

10

天赋不足限制不了你，
限制你的只有你自己

每个人都是天才。如果你以爬树的能力来评判一条鱼，它
终其一生都会认为自己是个蠢材。

——阿尔伯特·爱因斯坦

你有天赋，却不相信自己。天赋不足不是你受限的原因，
真正的原因是你觉得自己不行。一旦有了这个想法，你会发
现自己虽然在成长，但似乎毫无长进，或者至少没有朝着你希
望的方向发展。每个人都有至少一种天赋，但有时候受生活所
迫，我们可能会渐渐放弃这些天赋，转而专注于责任和义务。
天赋往往在我们热衷的事情上显现。尽管我们有很多不得不做
的事情，因为那是我们的责任和义务，但这并不意味着我们应
该永远隐藏自己擅长和喜欢做的事情。

如果不让天赋得到展现，那就等于没有天赋。一个人能够
成功，并非因为他天赋异禀，而在于他敢于展现自己的天赋。

如果你觉得自己天赋不足甚至没有任何天赋，请思考以下两点：

• 当你还是个孩子时，你喜欢玩什么，喜欢做什么，喜欢幻想些什么呢？

• 假如你可以将一个爱好变为职业，你会选择哪个爱好呢？

通常来说，我们不会选择自己不擅长的事情去做，因为那会让我们感到不自在。我在一次演讲中提出了上面的两个问题，有一个人回答说，他在任何事情上都没有天赋，也不记得自己有什么爱好。于是，我问他在空闲的时候都做些什么，他立刻回答说："忙着谈恋爱，再就是搞搞手工活儿。"原来他是个杂工，喜欢在家里干些杂活，修修补补，制作一些小东西。可是他并不认为这算是什么天赋。为什么呢？因为对他来说这很容易，而这就是我们对天赋最大的误解。我们总认为，对我们来说很容易的事情和天赋没有关系，因为不需要花费太多力气。要是这么说，那巴勃罗·毕加索、迈克尔·乔丹以及成千上万的名人就都没有天赋了，因为唱歌、绘画或打篮球对他们来说似乎都很容易。

如果你还是没有发现自己的天赋，就再问自己一个问题：

• 身边的人最欣赏你什么？你在哪方面经常被人称赞？

虽然你可能因为谦虚，对类似的恭维连连否认。其实，在周围人对你的评价中，你也能找到自己的天赋，比如会待客，做饭好吃，打牌厉害，拥有机智的幽默感，思维敏捷，人际交往能力强，唱歌好听，做益智类游戏时总能迅速找到解决方案，善于倾听而且总能给出很好的建议，从宜家买回来的家具很快就能组装好，等等。对于别人来说是麻烦或困难的事，你总是可以轻松解决，并且乐在其中，那么你的天赋就藏在这些事之中。

生活有时会迫使你做出决定，让你不得不放弃自己热爱的事情。不过，你可以利用碎片时间拾起自己的爱好，并不断练习，持续努力。说不定哪一天，你就成为这个领域的专家了呢！

不要再问自己"我到底有没有天赋"

"我不行"是一个巨大的谎言，是自我设限的借口，是阻碍成长的绊脚石。每当听到有人说这句话时，我内心总会想：这可万万不行。当然，我并没有直接说出来，只是心里这样想。我想问一问那些怀疑自己的人："你有什么确凿的证据证明你不行呢？"一条都没有。我们说话要严谨，即使在自言自语时也不例外。认为"我不行"，就如同相信"粉红大象能在纽约第五大道上自由漫步"一样，都是毫无根据的。因此，少些思考，多些行动吧！你已经在思考上浪费了太多时间，总是在质疑"我能行吗""我能成功吗""我付出的一切值得吗"……不是对这个表示怀疑，就是对那个有所顾虑。如果将质疑的时间都投入到自我提升、职业规划和准备工作中，你一定会取得更大的成就。

取消资格仅适用于比赛，不适用于你的人生

当你的朋友告诉你，他计划在 40 岁时参加铁人三项比赛，并因此感到非常兴奋时，你会如何回应？你可能会鼓励他，为他感到高兴，并关心他的训练进展、取得的进步以及他的感受。然而，当轮到自己时，你却习惯自我打压，不仅不会鼓励和启发自己，反而会想：我没能力，我年龄不合适，我应该先做其他事情，时间成本太高了……这些自我批评越积越多，最终导致你在还未接受考验之前就认输了。

了解自己的天赋和美德，并充分利用它们，这将给我们带来安全感。没有任何奖项是别人送给我们的，都是我们通过努力赢得的。不要妄自菲薄，说自己能力差。虽然知道自己有哪些不足是一件好事，但不要将不足作为阻碍自己前进的借口，而是要不断学习，让自己变得更强大。

学会与自己和谐相处，把自己当作一个需要鼓励的朋友。对待自己时，我们往往缺乏尊重和善意。如果一个人从一开始就相信自己必败无疑，也没有什么能力，那他肯定不愿意面对任何挑战，更不可能走出舒适区。正如一位哲人所说的，对自己更包容，会让你的内心更坚韧。

不要让过去限制你的未来

你是否放弃过爱好？是否挂过科？是否曾因害怕而选择逃避？如果回答都是肯定的，那又有什么关系呢？今天的你已经和昨天的你不一样了，你现在要面对的事情肯定和昨天不同。尽管过往的经历会逐渐塑造出我们的性格，但我们总会有新的经历，甚至可以让已有的经历以新的方式重现，从而获得新的体验。

"负性偏差"①虽然有其积极的一面，但同时也是一个危险的存在。每个人都经历过失败或挫折，但失败或挫折并不会让你受限。真正让你受限的是，你总是为这些负面经历赋予价值，总是试图从中解读出什么。比如，你一厢情愿地认为那段失败的经历把你定义成了一个没有水平的运动员；又或者，你最习惯的解读方式是："哎呀，进展不顺利，这意味着我很糟糕，不配做这个。"如果你总是这样想，就永远无法向前迈进。

失败或挫折可以带给你一些启示，让你知道哪些弯路是不该再走的，而不是意味着你应该放弃目标。有哪个人能一下子就实现目标，做什么事都会成功呢？你甚至不必为自己辩解说"失败是正常的，每个人都会遇到这种情况"。如果我们能够接受失败而不需要为它辩解，我们的心态就会更平和。自信的人可以坦然承认自己的错误，而不会找借口。我们需要的是正视

---

① 负性偏差：指人们在记忆和情绪体验中，更容易关注并记住负面信息，而忽视或淡忘正面信息的现象。

错误和失败，仅此而已。

别让别人的话限制了你

想想看，你给自己加的限制已经够多了，难道还要让别人再来限制你吗？你看看周围的人，他们有自己的兴趣和爱好，他们没时间去关注你的天赋是什么。培养天赋是需要投入时间和精力的。如果没有认真学习，你就很难精进自己的长处。

如果你曾经很擅长跑步，但年轻时不得不放弃，而现在决定为一场跑步比赛做准备——为此，你需要每个周末投入时间训练，周五还得早早睡觉。也许你早已习惯了和朋友们在周五夜晚狂欢到凌晨的日子，但现在你决定将休息作为首要任务，因为只有这样，才能在清晨精神饱满地跑步。有些人纯粹出于自私，会对你的选择指手画脚，对你坚持的事嗤之以鼻，甚至将你的改变归咎于"中年危机"，他们用一连串的冷嘲热讽阻碍你实现目标。别理他们！这些可都是"有毒"的说法。充满善意的说法应该是这样的："你没法和我们一起玩了真的很遗憾，我们喜欢你的幽默和陪伴，希望你能享受明天的训练。"更恶劣的情况是，有的人会因愤怒和嫉妒而说出这样的话："你这是往火坑里跳！""你平常是多懒的一个人啊！""你是不是遇到什么问题解决不了了，发展新爱好不过是为了逃避吧？"他之所以说出这样的话，是因为觉得自己没法像你一样自律。别理他，即使他曾经对你很好。至少在这个时候，他不会对你有任何帮助。

不是所有人都是自私的、善妒的。况且，即使是说出那些恶毒话的人，他们身上也会有一些闪光点，让你觉得和他们做朋友真不错。然而，在这种情况下，不管他是谁，只要他对你说你不行，请一概不予理会。

不要低估培养天赋所需的努力

如果你觉得自己在擅长的领域还不够出色，很可能是因为你的训练还不够充分，因为培养天赋所付出的努力要远远超出你的想象。我曾见过许多小孩子因为不愿牺牲玩乐的时间而轻易放弃，他们会说："我在这件事上没有天赋。"其实，他们并非没有天赋，只是内心的动力不足，不愿付出更多的努力。不努力，终将一事无成。"天才是 1% 的灵感加上 99% 的汗水。"可见，我们不能只依赖天赋，而是要通过不懈努力来实现自己的目标。

享誉全球的职业高尔夫球手加里·普莱尔曾说过："我练习得越多，就越幸运。"这再次证明了，仅有天赋是远远不够的，还需要不懈地努力和付出。这是避开霉运，走向成功的最佳途径。除了极少数例外，达到顶尖水平的人（不管是在什么领域）往往也是训练最为刻苦的人。所以，如果你觉得自己在某方面有点天赋却达不到顶尖水平，也许只是因为你还没有付出足够的努力。

保持好奇心

一位伟大的发明家曾说过，他并没有什么特殊的天赋，只是拥有一颗强烈的好奇心。在好奇心的驱使下，你的天赋和热情往往会得到充分的发挥。

人们都更愿意将时间花在那些让自己感到好奇的活动上。如果一个活动让你感到好奇，你就不会觉得是在被动学习。当你从容不迫地为某件事做准备，享受学习的过程时，你学到的东西会深深地刻在自己的脑海中，你的天赋也会得到更好地培养。

寻找榜样

每个人的身边都有一些令自己钦佩的人。回顾历史，我们会找到无数个超越自我的例子。有些人看似天赋平平，没有能力实现他们的目标，事实却证明他们做到了。这样的人才是你应该效仿和追随的对象，而不是那些整天坐在家里沙发上抱怨、任由时间白白流逝的人。如今，互联网中的各种社交平台、视频网站可以让你快速地了解到许多激动人心的故事。只要你愿意去看一看、读一读、听一听这些故事，你就会变得充满动力，更加自信。你和那些厉害的人并没有本质的区别，只是在态度和信心上稍有欠缺而已。你要相信，他们能做到的，你也可以做到。

学会与你的负面情绪共存

想要培养天赋，情绪上就不可能始终保持平和的状态。因为在这个过程中，你需要不断学习新的东西，这必然伴随着挑战。你将不得不离开舒适区，踏入充满不确定性的领域。这意味着你能完全掌控的局面很有限，恐惧自然会如影随形。是的，"恐惧先生"就在你身边。

你必须学会与这些负面情绪共存，它们包括焦虑、恐惧、沮丧、挫败感，甚至还有羞耻感和荒谬感。当你能接受这些情绪的客观存在，并适当地引导和管理它们时，你会发现自己变得越来越平静，也变得越来越笃定。终有一天，你会与其他积极的情绪（如快乐、安全感、平静）相遇。

懂得变通

对于那些奉行教条主义、过于追求完美、不懂得变通的人来说，培养天赋似乎更加艰难。他们的思维被固定的框框束缚住了。对他们来说，在个人成长的过程中，每一步都必须严格按照自己设想的来进行。这种想法使他们难以适应事物的变化。当出现错误或其他意料之外的事情时，他们会感到沮丧，沉溺于错误中无法自拔。他们认为犯一个错误就是倒退一步，但事实并非如此。如之前所述，错误其实是学习过程中不可或缺的一部分。可悲的是，这类人往往不允许自己犯错。

在培养天赋时，我们通常需要借助他人的力量，比如遵循教练的计划。懂得变通意味着你能够灵活应对不同的生活节奏，持续地与困难、挫折抗争，无论它们是否由你引起。不懂得变通往往会让人滋生愤怒、沮丧的情绪，导致事情停滞不前，无法按照你期望的速度推进。想想那些让你担忧的、未能实现的或做错的事情，到了明天、一周后或整个项目结束时，它们是否仍然那么重要？它们很可能只是微不足道的石子，而你一度将它们视为巨大的绊脚石。如果你认为训练场上遍布这样的绊脚石，你将无法享受训练本身带来的乐趣。

11

"秘书养成手册疗法"

信心是命运的主宰。

——居里夫人

我的妈妈和大部分的加的斯①人不一样，她不太会讲笑话。但有一次我却被她的一个笑话逗得哈哈大笑。我笑并不是因为那笑话本身有多好笑，而是她讲故事的方式——她边讲边把自己给逗乐了。这个笑话是这样的：

两个律师在街上相遇了。

——"佩佩，你最近一切都好吗？"

——"非常好，路易斯。你不会相信，我办公室里有一匹马，它是世界上最好的秘书。简直太难以置信了！它会接电话，帮我接待客户，回复电子邮件，会说四种语言，文档整理分类做得比谁都好，甚至还懂法律。天哪，简直太神了！那根本不是马，是块宝啊！"

---

① 加的斯：位于西班牙西南沿海的一座城市。

——"不会吧，佩佩，你没骗我吧！我简直不敢相信这是真的！我也想要一匹你这样的马，说吧，多少钱买的？"

——"六千欧元，有点贵，但这钱绝对不白花。"

六个月后，他们再次在街上相遇了。

——"佩佩，你这个骗子，那马不会打字，不会写信，不会归档，也不会说西班牙语，什么都不会！"

——"哦，路易斯，别这样谈论你的马，你不会卖掉它的！"

当然，你不是一匹马，你是一个人，但很多时候我们向外投射的形象，和路易斯用他的马投射出去的形象是差不多的道理。在这个故事中，很显然，马不是秘书，一个人得天真到什么程度才能相信这个说辞呀！

通常，一个人对自己的认知和他人对他的认知是存在差异的。让我们把话题转移到你身上，你常常低估自己，浑身上下散发出不该有的谦卑气息，向外界传达出你不够优秀、能力不足或技巧欠缺的信息。

至于你对自己的认知和他人对你的认知之间存在着怎样的差异，我们不妨先来看看下面这些问题：

• 你眼中的自己是什么样子的？别人实际看到的你是什么样子的？你认为别人眼中的你是什么样的？（这一切的回答都基于你的理解）。比较这三种视角，深入分析它们，并尝试得出结论。

• 你向外投射出的形象究竟是什么样的？这个形象是否与

你的优势、能力、资源等方面相符？换言之，别人眼中的你是否真实地反映了你本来的样子？

无论是通过外表、行为还是言语，你对外展现的一面都会深刻地影响别人对你的看法。如果你自己表现得缺乏自信，又怎能期望别人对你充满信心呢？如果不调整自己向外投射的形象，你可能会错失诸多机会，无论是在职业方面还是在生活方面。毕竟，没有人会愿意与一个缺乏自信、忽视自我、轻易放弃幸福的人为伍。

关于以上问题，可能会出现以下三种回答：

一是别人眼中的你就是你本来的样子。这意味着你对自己的认知是相对准确的。当然，这并不意味着你不能在某些方面继续提升。

二是别人眼中的你比你自认为的要好。这可能是因为别人看到了你的工作成果、外在魅力、对朋友的贡献以及你的价值，而你却忽视了自己的长处，把自己看得毫无价值。事实上，你在别人的眼中可能是一个工作出色、有修养的人。

三是你自认为的长处比别人看到的多。这既可能是事实，也可能是由于沟通不畅导致的误解。你觉得自己才华横溢，却未能得到他人的充分认可。这可能是因为你在人前缺乏自信，表现得手足无措、声音微弱，对自己的提议充满疑虑，并习惯性地站在一旁，鲜少参与。这些表现与自信的形象大相径庭，尽管你内心深处觉得自己很优秀。许多高水平运动员在训练中表现出色，但一到赛场就发挥失常，原因也在于此：自我怀疑、缺乏安全感、焦虑或注意力不集中等心理因素阻碍了他们，让他们无法展现出最佳状态。然而，那最好的一面确实存在，他们也深知这一点。那么，如何展示出自己最好的一面呢？

注意自己的形象

非语言沟通与语言沟通同样重要，甚至在某些情况下，前者比后者更具可信度，因为它更难以被有意识地操纵。你的手势、姿态、面部表情以及穿着打扮，都在无声地向世界展现你的个性与状态。

通常，自信的人习惯于微笑，与人握手时坚定有力，交谈时能保持目光接触，身姿挺拔。他们的双手可以自然地活动，无须刻意寻找安放之处。

相反，不自信的人往往表现出一种无助的姿态。他们习惯于低着头，常常表现出紧张的小动作，如反复触摸胡须、头发、领结或戒指，讲话声音微弱，仿佛在向谁道歉。有些人还会特意选择平淡无奇的穿衣风格，以免引起他人的注意。如果你经常出现上述种种迹象，那么他人很可能会认为你是一个不自信的人。如果只是偶尔出现一次，那通常没什么问题。

在我的讲座中，我经常会向听众提出这样一个问题："当别人与你交谈时，他没有看着你的眼睛，你会怎么想？"得到的回答五花八门："他在撒谎""他有所隐瞒""他很害羞或紧张""他对自己说的话也不确定"……总之，对于不愿与他人保持目光接触的人，几乎没有人会给出正面评价。也许你确实是因为害羞才避免直视对方的眼睛，但问题在于，他人可能会对你产生误解，认为你在欺骗他们，从而不再信任你本人、你的产品或服务。毕竟，人们不愿意将自己的事情交给一个看起来不可靠的人。与你对话的人不会浪费时间询问你为何不直视他的眼睛，他们会根据自己的判断（很可能与你的实际情况不符）来对你进行评价，并做出决定。一旦第一印象形成，就很难再改变。"在给人留下良好的第一印象方面，你没有第二次机会。"虽然我不知道这句话的出处，但在大多数情况下，它都是正确的。想想看，你在学业、实习、创业或求职路上付出了那么多努力，却因为一个小小的失误（如没有抬头看人）而错失良机，实在是太不值得了。

根据沟通学专家伯特·德克尔的观点，当你第一次听到一个人说话时，你对他 50% 的印象是在前两秒形成的，而剩下的 50% 则是在接下来的 4 分钟内形成的。也就是说，想给他人留下积极印象，你只有不到 5 分钟的时间。而且，50% 的印象是在你尚未开口之前就已经形成了，这源于他们对你外在形象的观察。他们所看到的，包括你的面部表情、穿着打扮（如领带类型、手帕款式、配饰、珠宝、妆容和发型）、身体姿态，以及你在对方面前呈现出的整体形象。我曾读过一本关于提高社交能力的书，里面提到，我们的大脑倾向于在初次见面的最初几秒内，就对他人的性取向、经济条件、社会地位、智力水平、亲和度、宗教信仰等方面做出判断。我们并不是在有意识地做这件事，也不是要在刚见面时就把人像洋葱一样层层剥开，但大脑确实会在第一次看到某人时就得出这些结论。你可能会立刻反驳说："我才不会这样做呢。"然而事实是，如果你被介绍给某个人，与他交谈两分钟后离开，这时有人要求你描述一下刚刚那个人，你给出的答案一定会包含我上面提到的主观信息。

注意自己的形象，并不是要让你彻底改变自己，而是要传递出你的价值观和个性。个人卫生是必须要保持的。牙齿的外观尤为重要，因为肮脏且疏于保护的牙齿会给人留下邋遢的印象，使对方的注意力不自觉地集中在令人不悦的方面，从而无法专注于你所说的内容。打理好你的头发，让它看起来干净、整齐。不要浓妆艳抹，也不要以过于浮夸的方式表现自己。优雅并不在于像装扮圣诞树一样打扮自己，而在于简约与得体。试着让自己的形象符合他人的期望。如果你去应聘的是汽车修理工的岗位，你就不要穿西装、打领带；如果要去银行应聘，你就不要穿运动服。这其实都是简单的常识。

成为一个值得信赖的人

以下几点，有助于你成为一个值得信赖的人：

（1）良好的声誉。一个人在自己的职业领域取得了成功，这表明他擅长自己的工作。如果一家公司想要赞助一名运动员，公司决策层肯定会选择那些已经证明自己有能力赢得奖牌的人，而不是那些只是口头上承诺得很好却缺乏实际表现的人。

当然,有些商人可能会喜欢将赌注压在尚无多少战绩的人身上,但事实上,选择那些已经拥有丰富职业经验的运动员显然会更加稳妥。

(2)令人信服的形象。如果你没有名气,那么一个让人信服的形象也能起到一定的作用。比如你想去一个足球队应聘体能教练,而雇主对你过往的经验和成就一无所知,或者你的成绩还不够突出,那么你的外在形象就可能成为关键。如果对方发现你体重超重,那么你的可信度就会大打折扣,因为你呈现出来的形象与人们对体能教练的期望不符。尽管你可能拥有与体能相关的知识和资格,但一个明显超重的体能教练往往会让人产生疑虑,使别人从一开始就无法对你产生信任。

(3)专业知识是关键。当你的专业水平足够出色时,自然会有公司愿意雇用你。毕竟,别人雇用你是因为你的知识水平和实践能力。当你用严谨的逻辑清晰地阐述你的专业知识时,我相信他们会对你的话感兴趣的。

(4)拥有诚实的品质。我们都愿意相信那些诚实善良、能给人带来良好感受的人。待人要诚实,不要夸大自己的优点,不要把自己描绘得完美无缺。表达出自己的真实感受,能让你更容易获得他人的信任——尤其是对于那些情绪化的人来说,他们更愿意与你分享感受,而这会让你们双方的关系更加亲近。

(5)勇于承认错误。每个人都会犯错误,承认错误会让我们显得更加真实。如果你去参加一个对你很重要的面试,并在过程中谈到了自己曾经犯下的错误,那么别忘了为那些错误或失败提供合适的解决方案。不要只是告诉面试官你犯了什么错，还要告诉他们你当时是如何解决的，以及你从中学到了什么。

（6）避免夸大其词。夸张的表达容易让人产生怀疑。我们倾向于认为，那些喜欢对自己的成就夸夸其谈的人其实是缺乏安全感的，他们只有不停地夸大自己的优点，才能获得内心的些许安宁。要以谦虚的态度谈论自己的成功，你可能会觉得这实施起来有些困难。其实，你只需要说出你擅长什么、取得了什么成就，展示出你为实现目标付出的努力，并对成功路上所有帮助过你的人表示感谢，这就够了。

（7）展示出你的活力、有趣和乐观。积极乐观的人能给周围的人带来希望。悲观情绪和坏消息令人厌倦、消沉，时间久了，会消磨你对生活的热情。想想看，如果有这样一个人走进了你的生活——他开朗大方，热情洋溢地表达着自己的看法，有理有据地告诉你问题是可以解决的，他会去尝试，并且绝不放弃，他会坚持不懈地为你寻找解决方案……我想你会感到自己的生活充满了希望。当然，活力和乐观必须伴随着严谨和认真，我相信你也厌倦那些只有空洞乐观而没有实际内容的人。

（8）与人沟通要清晰、直接和简单，放弃一切技术术语、冗长的句子和复杂的修辞。不要总想着用花哨的表达来给别人留下深刻印象，交际的重点是让人能够理解你的意思。当听你讲话的人清楚地理解了你要传达的信息时，他对你的信任度才会提升。有些人说那么多话只是为了自我陶醉，而不是为了让别人理解。

（9）一诺千金。在当今社会，没有人愿意轻易相信别人。一诺千金意味着尊重并坚守你的承诺。我最钦佩的就是那些言出必行的人。

以事实为基础，为自己塑造积极的形象

在工作和家庭生活中，要想和家人、同事等实现和睦共处，谦逊无疑是一项不可或缺的品质。当我们评价那些优秀的运动员或是我们所敬佩的人时，往往会发现，谦逊这一美德总是在他们身边如影随形，从未缺席。

值得注意的是，"谦逊"一词并不意味着"不要谈论自己擅长的事，不要暴露天赋，也不要尝试培养天赋"。谦逊的人能够坦然谈论自己的优点。谦逊并非自我否定，而是一种平衡的自我认知——既能肯定自身优势，又能理性地看待不足，从而展现出积极的自我形象。

如果你想在他人面前更自然地表达自己，不妨试着在镜子前讲述你的优势、价值观和成就。如果平时很少思考自己的长处，或不习惯展现闪光点，那么在关键时刻就难以流畅自信地表达。

勇于展示自己，但要始终记得保持谦逊

你不仅需要在求职面试中"推销"自己，还需要在会议上自信地表达观点，在朋友间坦诚分享所思所想，与教练或老板探讨如何提高球技或工作效率，并坚信自己的建议值得倾听。

你的想法与他人的想法同样重要。若你对此有所怀疑，便难以清晰地表达自己的想法，即便表达出来，效果也会大打折扣。如果你不说出来，那么别人无从知晓你的想法。或许你觉得自己的想法平淡无奇，因为它仅仅是你的灵光一现。对他人而言，这可能是一个绝妙、独特且富有创意的想法，甚至可能成为解决问题的关键。有时，我们因为习惯于自己的思维方式而不在乎那些有趣的点子，但每个人都是独一无二的，你认为平常的观点，在他人眼中可能充满启示。若你不开口，他人便无从发现你的不同，这对你来说是一大遗憾。

记得让别人了解你的观点和工作。或许你会担心想法被剽窃，但这是你必须承担的风险。诚然，有的人企图窃取他人的劳动成果，但更多的人渴望合作，共创佳绩。如果你因为恐惧而驻足不前，不敢表达自己的想法，那么这些想法可能会永远被埋没，不为人知。

如今，无论是同事关系、伴侣关系还是朋友关系，都处于不断变化之中。被人看见并与他人建立联系已经不再是难事，但要想让人真正深入地了解你，你就必须勇敢地走出自己的舒适区。许多歌手、涂鸦艺术家以及其他有一技之长的人通过各

种网络平台增加了自己的曝光度,最终使他们的作品迅速走红,实现了自己的梦想。在这个时代,社交平台已成为人们展现存在感的舞台。

认真地做好准备

很多时候,你需要融入一个集体,让自己的声音被听到,让自己的表现被看到,最终赢得其他成员的信任。有时,困难的不是融入,而是获得其他成员的长期信任。严肃认真、有责任感的人更容易获得他人的长期信任,从而在集体中获得稳定的位置。所谓严肃认真体现在以下几个方面:

(1)守时。守时的人向我们传递的信息是这个人信守承诺、态度认真、专业。如果你常常迟到,别人会认为你缺乏组织性,不尊重他的时间,或者觉得"这个人迟到可能是因为工作排得太满了,那说明他时间管理能力欠佳",这就意味着在谈正事之前,对方已经对你产生了负面评价。实际上,这种糟糕的情况是可以避免的。

(2)一旦与人在期限上达成一致,就务必要遵守。想要给人留下正面印象,千万不要承诺不切实际的期限,这会给你带来压力,并降低你的工作质量。假如你预计自己可以在5月18日完成当前项目,那么项目截止日期最好设定在5月19日。是的,往后延一天。这样,如果遇到什么突发事件,你也有一天的余地来完成工作。

（3）及时回应。你是否曾遇到过这样的情况：找一位专业人士要一份研究报告或一份预算，甚至仅仅是一个答复，却不得不三番五次地催促他、提醒他，对方才予以回应。之后，你还会想和他再次合作吗？我想答案是否定的。在工作中，忽视他人会给人留下非常不好的印象。如果你没有时间处理好手头的所有工作，那么就好好衡量和分配一下，定好优先级或雇一名助手，总之找到一种方法实现你的承诺。如果你都没有时间搭理别人，人家还会愿意与你共事吗？即使出于某种原因你无法立即回复（比如正在开会或看病），那也需要尽快给人家回电，说明情况。我们都喜欢和有礼貌的人打交道，而及时回电话恰恰是有礼貌的表现。不这样做就意味着傲慢无礼、狂妄自大，完全不把别人放在眼里。

（4）口头和书面表达要尽量避免语法错误，后者还要注意不要有拼写错误。不要把语法错误搞得像车祸现场一样，没什么比这更能损害一个人的形象了。每当我听到电视里的人说的话有语病时，我就想立刻换频道。当我看到各种平台上发布的动态完全无视拼写规则，甚至错别字连篇时，我就希望那些写动态的人能多翻翻字典。

（5）学会控制自己的情绪。情绪管理能力差的人容易让人觉得不冷静、不专业。有的人一旦觉得自己有理，表情和动作就不自觉地夸张起来，手臂乱挥，嗓门提高……总之，他会用各种花哨的方式吸引听者的注意。这些完全是不必要的，因为光是有理有据就足以让人信服。

（6）与他人相处时表现出友善、尊重和礼貌。无论面对的是客户、同事还是自己的孩子，都要乐于倾听，重视他们的想法。我们喜欢同随和的人打交道。与这样的人交谈，我们不必费尽心思猜测他们今天的心情如何，也更愿意和他们坦诚地交谈。因为他们总是面带微笑，讲话的音量总是刚刚好，嘴里说的总是友善的话语。他们能在我们周围营造出一种轻松、和谐的交谈氛围。

一个人在自己身上展现出什么，别人就能看到什么。如果你不注意自己的内在和外在形象，也许没有人会给你机会来展示你的效率和热情，你就无法让人知道你是多么适合这个岗位。我这么说不是让你夸大其词或误导他人，而是提醒你应该主动为自己争取机会，因为你本来就是一个优秀的人。

12

一个叫作"意志力"的旅伴

如果我们自身中确实存在某种神圣的东西，那便是我们的
意志。凭借它，我们彰显个性，锤炼品格，直面逆境，重
塑思维，且日日超越自我。

——圣地亚哥·拉蒙－卡哈尔

一个人能够获得诺贝尔奖，原因有很多。毋庸置疑，是因
为他拥有一个天赋异禀、极具才华与创造力的头脑。除此之
外，还因为他的坚持不懈、永不言败、始终为梦想而奋斗的精
神。在这一切的背后，是意志的力量。

斯坦福大学于二十世纪六七十年代展开的棉花糖实验表
明，孩子们控制冲动、抵制诱惑的能力水平的高低，能在一定
程度上预测他们的未来。当时，研究人员给一群 4 ~ 6 岁的
孩子每人一块棉花糖，并告诉他们："这块棉花糖是送给你的。
你可以选择现在就吃掉它，也可以等一会儿再吃。如果你能忍
住不吃，我待会儿再给你一块。"结果，有的孩子立即吃掉了

糖果，而有的孩子愿意等待，并最终获得了更多糖果。后来，研究人员继续对这些孩子进行追踪调查。十多年后，他们发现，与那些无法抵制诱惑的孩子相比，那些能够忍住不吃糖的孩子在大学期间表现得更为优异，进入职场后也表现得更好。

我们在刚过完新年、换工作或某些特定时刻设定的新目标，往往都无法成功实现。导致失败的原因有很多，但最关键的是改变本身——因为改变意味着要走出舒适区，而这恰恰是我们的大脑所抗拒的。改变需要消耗更多能量，需要我们突破被应试教育养成的思维定式，启动创造力；需要我们付出更多努力；还需要我们面对犯错和失败的风险。面对如此多的压力，我们往往会选择放弃。然而，如果我们能够运用意志力，一切就会变得简单得多。意志力是可以训练的，它并非基因编码的固有部分，而是源于我们的价值观。价值观是可以培养、实践和习得的，它最终会成为我们生活哲学的一部分。

什么是意志力？意志力是一种能力，它能使一个人抵制眼前的诱惑，将更多的时间和精力投入到必须完成的事情中。缺乏意志力的人往往行事轻率、冲动，容易意气用事，而不会考虑自己应该做什么，如何做才更合适。意志力与自控力密切相关，这两种能力强调的都是能够在诱惑面前坚定地拒绝，而不受外界影响。

那么，如何锻炼意志力呢？

减少无用的思考，行动起来

如果说有人能阻止你执行计划，那就是你自己。你脑海中有个"小恶魔"，它整天无所事事，只追求自己的舒适。"小恶魔"很狡猾，对借口、懒惰、及时行乐了如指掌，却对意志力一无所知。一旦遇到需要努力的事情，"小恶魔"就感到厌烦，并劝你打退堂鼓："大清早的，这么冷，在床上待着不好吗？还跑什么步啊！难道，你真的要换上运动鞋吗？眼看就要下雨了，别费力气了！"听到这样的话，你往往会下意识地反驳几句，但很快就屈服了。"小恶魔"可是有一大堆理由等着说服你。要知道，它一辈子无所事事，就等着拉你下水。"小恶魔"从来不守规矩，每次都不会直面错误，只想着找借口，还一直劝你别那么努力。但你必须保持清醒，不要听信它的胡言乱语。嘴长在它身上，你是无法阻止它说话的。但你可以做出选择：当它劝你不要行动时，你可以不予理会，一笑而过即可。也别想着和它讲道理，因为你赢不了它，反而会被它说服！而且你也清楚，一旦你屈服于它，后果将十分严重：你会自责、看不起自己，让实现目标变得遥遥无期。说实话，与"小恶魔"纠缠真的不值得！

★建议

不要和它说话，一句都不行。试一试下面这个方法：用坚定的语气一遍又一遍地重复同一句话，不给小恶魔争辩的机会。你可以这样说："行啦，小恶魔，你的想法连一分钱都不值！

我现在要出去跑步了！"

不要急于求成，一点点地改变

假如你想通过节食瘦身，不要什么都不吃，而是应该学着换一种饮食方式。比如，购物时将高热量的零食换成新鲜蔬菜，把冰箱里更健康的食物（如沙拉）放到更显眼的位置。进食的方式也需要改变：用餐的时候要细嚼慢咽，好好享受，而不是狼吞虎咽地吃完就走。你还可以研究一下新食谱，尝试换一种烹饪方式，这些都会让瘦身变得更有趣。这些小小的改变有助于将我们带出舒适区，并激发我们的好奇心和兴趣——尤其是当我们乐此不疲地追逐某个目标时。

要警惕"禁止"这个词，它很有吸引力，会挑战我们的大脑。我们从很小的时候开始，就被各种各样的"禁止"包围。你一定对这个画面再熟悉不过了：当你 3 岁的儿子（或侄子）想摸热水壶时，你肯定会告诉他"别碰那个"，然后，这个小家伙便会以一种非常搞笑的方式，让他的小指头一点点地靠近禁区，想看看到底会发生什么。所以，在改变时不要给自己下达太多"禁令"，否则容易适得其反。

★建议

先从微小的改变开始，试着用和以往不同的方式做事。接下来，再多努力一点点。这么做可以锻炼和增强你的意志力。为了锻炼这种能力，你甚至可以不设定任何目标，仅仅是为了锻炼而锻炼：下班回家时换条路走，用平时不常用的那只手吃饭或刷牙，读一些你不感兴趣的内容（比如报纸上的专栏），比计划多跑 200 米，多做 10 个仰卧起坐，等等。

意志力的投入要有所选择

人类每天的意志力是有限的，所以你不可能在所有事情上都严格要求自己。完美主义是意志力的敌人。你必须选择要在哪些方面投入你的意志力——就像你不会对所有的挑衅都做出回应一样，意志力也是如此。不要试图同时做到减肥、戒烟、锻炼身体、学习一门新语言，以及遵守电视上告诉我们的健康生活的规则。光是想想这些，你可能就已经崩溃了。如果你强迫自己消耗意志力，它很快就会失去效力。意志力是消耗品，这就是为什么在一天结束时，我们的意志力明显比早晨弱得多。想一想，你是不是在早晨的时候很容易控制饮食，但到了晚上却难以抵制诱惑？

佛罗里达州立大学的心理学家罗伊·F. 鲍迈斯特是意志力研究领域的主要学者之一。他指出，人们每天会花费大量时间进行自我控制。这种控制不仅体现在决定做什么或不做什么，还包括对思想和情绪的调节。实际上，人类自我控制的程度远超自身想象，但很多人并未意识到这一点。

★建议

设定一个你要动用部分意志力储备去实现的目标。当这个目标变成一种习惯后（通常需要 66 天），你就再选一个新目标并为之努力吧。如果可能的话，把那些最枯燥、你最不喜欢或最复杂的任务安排在你意志力最充沛的时候去做。如果你早上就开始动用意志力，到晚上你就会筋疲力尽。以饮酒为例，如果你喜欢在吃饭时喝啤酒，而且已经决定每天只喝一瓶，那么最好把这瓶啤酒留到晚上喝。如果你中午就喝了一瓶，想着晚上还能控制住自己，那么到了晚上你很可能还会喝第二瓶，而这正是你要控制的。但如果你决定中午不喝，这会相对容易些，那么到了晚上，当你知道自己已经达成了目标时，再喝那瓶啤酒就会更加享受。

找到对自身有意义的内在动机

奖励通常是在特定目标达成、行为符合预期或表现优异的情况下给予的。奖励的目的是强化某种行为，激励我们未来继续重复这种行为。然而，奖励有时会削弱意志力，让人总想着从外部寻求某种补偿。你真正需要寻找的，是参与某个活动、设定某个目标对你自身来说到底有何种意义。找不到意义，就很难调动起意志力。不过，同一件事对不同的人来说，意义会有不同。比如，这件事对你来说意义非凡，对他人来说却毫无价值。这就是为什么我们很难完全听从别人的建议——因为对这些人奏效的东西，对其他人可能一点儿用都没有，或者说根本无法激励他们。因此，在做一件事之前，你要找到属于自己的理由和意义。你是为了什么才要这样做呢？

★建议

当你的孩子对你说："妈妈，如果我把垃圾捡起来，你会给我什么奖励？"这时，请对他说声"谢谢"，仅此而已。对待自己的方式也应如此：通过自我肯定来强化内在动机，而不是索要什么奖励。即使遵守了节食计划，也不要用甜食来奖励自己。因为这会导致目标与行为之间的矛盾。当你付出意志力，并且实现了之前设定的目标时，永远记得要继续强化它，并及时给自己正面的反馈："我多么厉害啊，我可以的，我能做到的，我真了不起，把欲望控制得这么好……"

认为自己能做到，确实可以增加成功的可能性

意志力就像船舵，能引领你朝着既定的目标前进。当你意志薄弱时，你会觉得自己就像一艘随波逐流的船。船舵就掌握在你的内心独白中。你对自己说的话会影响到你的感受，也会影响到你的决定，比如做什么和不做什么。如果你相信自己能做到，并且愿意坚守原则，那么你成功的概率就会更大。问题是，总有突发情况扰乱你的计划。

★建议

准备好一个对你有用的条件句："如果……，那么……"，它会让你在面对突发情况时更加从容不迫，不至于惊慌失措。想象一下，你在工作会议结束后参加了一场鸡尾酒会，而当时

你正在节食。你的心脏病医生提醒你减肥，因为你的体重已经严重影响了你的健康。整晚，装有水果、葡萄酒、啤酒和糕点的托盘在你眼前晃来晃去。你必须待在那里，因为你清楚这个场合的重要性：大多数业务都是在这种非正式的会面和交谈中促成的。那么，你应该在去之前就做好准备，比如："如果侍者递给我一杯酒，那么我会让他给我换成一杯番茄汁、水或随便什么不加糖的饮料；如果有人递给我火腿配吐司，那么我就只吃火腿。"总之，在实际情况到来之前就做好选择，意味着当小恶魔对你说"吃吧吃吧，你已经两天没碰糖了"时，你根本不必和它浪费时间。

善举对意志力的影响

哈佛大学心理学家库尔特·格雷指出，如果你将时间和金钱投入到善举中，你会感到安慰，并且意志力也会增强。然而，这一行为也会带来一种压力：是专注于努力实现个人目标，对其他事置身事外，还是把时间和金钱投入到虽对自身无直接益处却有利于社会的事情中？这无疑是一个两难的选择，人们都希望能妥善地摆脱这种困境。不管怎么说，大多数人倾向于做出善举——比起因意志力不足而产生的糟糕感受，人们更难以忍受因缺乏同情心而产生的糟糕感受。

★建议

想象一下，你已经下定决心要控制消费了。最近你总是冲动购物，导致银行卡里的余额无法支撑到月底。这时候，你不妨思考一下：如果把购买一个包的钱节省下来，我可以用来做些什么呢？如果你成功省下了买包的钱，那么请将包钱的10%捐赠给你认同的公益项目吧。

相信自己有意志力

很多人喜欢强调失败后的反思，却忘了成功的喜悦同样值得关注。你知道你今天、本周、本月在工作和生活中都取得了哪些成就，或者说值得你骄傲的事情吗？很可能并不清楚。因为你往往将那些成就或成绩视为理所当然的事情，所以觉得它们不值得特别关注。问题在于，当你在几乎没付出多少意志力的情况下完成了一些有价值的事情，你往往不会觉得自己是一个意志力很强的人。久而久之，你可能会给自己贴上这样的标签："我不是一个意志力强大的人。"一旦有了这种想法，你就会表现得好像自己真的没有什么意志力一样。实际上，你拥有强大的意志力，只是还没有充分展现出来而已。

★建议

拿出你的笔记本，把所有需要动用意志力才能完成的事情都记录下来。每当你为了达成自己的目标而成功地约束了自己时，你就把这件事记录下来，并写下当时的感受。在开始这项练习之前，你可以先给自己的意志力水平打分，比如："我认为我的意志力是4分（满分是10分）。"当你记录了一个月之后，你就要再打一次分数。我相信你的分数一定会有所提升，因为你现在比过去更能察觉到意志力的存在。其实，在真正开始记录之前，意志力早已在无形中发挥作用，只是你未曾察觉而已。总之，你的意志力绝对比你想象的要强大。

不要把自己完全隔绝于诱惑之外

当你对自己的生活设置过多限制时，有时会适得其反。比如，一旦你要求自己再也不吃比萨，那么当香喷喷的比萨摆在你面前时，你会很难控制自己的欲望。甚至，你可能会走向极端，让自己吃得很饱或者干脆什么也不吃，这可都不是什么好现象。或许你认为，一旦决定节食或戒酒，就不应该再购买任何让自己越界的东西。然而，你不能因为担心无法控制自己，就完全放弃与朋友外出吃饭，将自己的生活彻底封闭起来。那样做，你只会因过多的限制而感到筋疲力尽，最终放弃目标。所以，你应该让自己过上一种适度的生活。

★建议

对于那些影响你实现目标的事情，不要再完全回避，而是提前做好计划。比如要和朋友出去吃饭，就先给自己设定好"什么是可以吃的，什么是不可以吃的"。去超市前也是如此。简而言之，提前选择适当的行为方式可以最大限度地减少冲动。

设定目标时要谨慎，让自己过平衡的生活

意志力需要从葡萄糖和休息中汲取养分。如果你饮食不当，没有给身体提供足够的碳水化合物，并且睡眠不足，那么你的意志力就会逐渐衰竭。

这看似矛盾：一方面，为了节食，你不能摄入过多糖分；另一方面，你的大脑需要葡萄糖来支持你继续节食。这些都是常识。所以，当你听到什么神奇的减肥食谱或偏方时，一定要小心。因为就像卢尔德的泉水①一样，没有什么"奇迹"，要遵从的都是科学。

★建议

如果你想减肥，请向专业人士寻求科学的、严谨的建议。一切伪科学都需要靠边站。一旦把自己的身体和大脑推向极限，你将无法拥有任何力气，无论是身体上的还是意志上的。那样的话，身体还怎么正常运转，你还怎么享受生活呢？

从身边的人那里获得力量

如果你的意志力没有被激活，那就让朋友来帮你。至少在某些时候，这是管用的。很显然，团体运动往往能给人带来额外的动力。在职场上，团队目标也更能激发个人的意志力，推

---

① 卢尔德位于法国南部，据说那里的泉水可治愈各种疾病，但经科学研究发现，这种泉水的神奇之处在于富含"活性氢"，而不是所谓的圣水。

动你更快地完成任务。在你处于低谷期时，爱你的人、工作中欣赏你的人，比如家人、朋友、同事等都可以帮你改变情绪状态。当你没有足够的力量迈出第一步时，身边有一些可以给你支持的人是至关重要的。想想看，如果你和一些人约好了一起出去跑步，最终却放弃了，你辜负的不仅是自己，还有整个团队。

★建议

找到可以相互激励的人。在一个团队中，一同工作、一同分享点点滴滴都会让人更加愉快。只有懂得变通、学会宽容并乐于分享，才能从团队中获得力量。

不要盲目依赖意志力

《洛奇》①的意义远非仅仅是一部电影那么简单。每当我觉得缺乏动力时，我就把《洛奇》里的经典片段找出来看，然后瞬间就会受到激励和鼓舞。不过，意志力并非取之不尽、用之不竭的，更不会搞什么区别对待，大家的意志力水平是相当的。那些自诩拥有无限意志力的超人和那些自认为缺乏意志力的人相比，并没有本质的区别。

★建议

当你缺乏意志力时，当你面对挑战和困难力不从心时，不要过分依赖意志力或责备自己。虽然意志力是一种强大的内在

---

① 《洛奇》：一部经典电影，讲述的是史泰龙饰演的业余拳击手洛奇为了和世界拳王比赛而刻苦训练，最终赢得了大家和对手的尊重的故事。

动力，但它并非无穷无尽，也不是实现目标的唯一力量。当出现上述情况时，你应该积极寻找并利用其他可用的资源（比如他人的支持与建议、先进的科技工具）来帮助自己。

如果你是一名家长，你应该想方设法地让自己的孩子更有意志力。然而现实的情况是，很多父母总想让孩子少受些苦，于是便对孩子过度保护。对孩子来说，这其实是一种伤害。父母总是想要确保孩子不会遭遇挫折，确保他过上舒适的生活，让他觉得一切触手可及。可是，这样做只是在削弱孩子的抗压能力。他未能学会付出努力，也不懂得持之以恒的道理，这都是因为父母总是在孩子一有需求时就急于满足，甚至在他尚未表达需求之前，父母就已经预先准备好了满足他的方案。如果孩子在小时候没有学会耐心，不懂得依靠努力去实现自己的目标并收获成果，他长大后可能会变成一个任性、懒惰、缺乏动力的人。当他成年后步入工作岗位，他也难以与他人竞争。他不懂得如何超越自我，因为从未有人教过他这些。

13

如果你对自己的
爱好要求过于苛刻的话，那么
有一天你将变成一个没有爱好的人

如果你所拥有的一切都不能使你满意，那么你尚未拥有的
东西同样无法填补你的空虚。

——弗罗姆

对于快乐和平衡的生活而言，最大的敌人便是自我苛求和
完美主义。苛求自己只会让我们承受不必要的压力，以至于把
自己看作不负责任的人。我一直认为，我们应当只关心那些自
己能够掌控的事情。如果我们已将这些自己掌控的事情妥善处
理好了，为何还要让自己承受额外的压力呢？压力过大并不会
带来任何积极的影响，它只会不断提醒你，这场测试、这次选
拔或这场比赛至关重要，并迫使你不断设想：假如我没能实现
目标，后果将是多么可怕。压力与焦虑之间往往只有一线之隔。

我经常能听到我的患者这样说："如果我不给自己施加压

力，我就会感觉自己根本不重视这场比赛。""我需要让一切都完美无缺，只有这样内心才能感到平静。""我必须对自己高标准、严要求，这就是我的人生哲学。"这种对完美的执着追求，恰恰成为他们走进心理咨询室的原因——毕竟，现实世界里不存在永不失误的完美主义者。凡事都有一个限度，而我们应当努力做到的，就是保持平衡。

不要对自己过于严苛，而应该学会享受过程

无须事事追求完美。我们从小就被教育要对自己严格一些，不要犯错，这些价值观固然很好，但在践行时需要把握适度原则。苹果虽然有益健康，但也不能一天狂吃 30 个。自我要求同样如此，不能超越应有的限度。那么，怎么找到这个限度呢？它就在身体给我们的信号之中。当你把自己逼到什么程度时，你会感到沮丧、焦虑、缺乏动力？一旦我们把自己逼得太紧，超越了应有的限度，我们的大脑和身体就会向我们发出警告的信号，但大多数时候，这些信号不是被我们忽略，就是被我们误解为在抱怨或找借口。但事实并非如此。疲倦并不等同于懒惰，它只是你的身体传达出的一个信息，表明你的身心已经劳累过度。如果你想带着新鲜感继续训练、工作或发展爱好，那么就必须先让自己好好休息一番。

关于自我批评带来的影响，有一个有趣的研究。研究发现，当你严厉地批评自己时，大脑会阻碍你做出改变。因为大脑不

希望你受苦，所以它会避免进一步的挑战。

有一次，我问一名患者为什么总是批评自己，他的回答是他想追求进步，而严厉的自我批评可以提醒他吸取教训。但事实并非如此：严厉的自我批评会伤害你，使你过度关注自己的弱点，让你变得脆弱，更不可能鼓励你努力学习。科学研究表明，批评会使人注意力不集中，导致做事效率低下。当你身边的人犯错误时，你不会选择骚扰、羞辱或虐待他们，也不会对他们大喊大叫："你怎么能犯如此愚蠢的错误呢？这是幼儿园小孩才会犯的错！"你不会这样做，是因为你心里清楚，一旦那样做了，你的同事、孩子或伴侣会感觉非常糟糕，会更加停滞不前，不敢迎难而上继续尝试新事物。既然你不会去攻击别人，那为什么偏偏要攻击自己呢？这很荒谬，不是吗？

在不得不做的事情上苛求自己，其实并不会让你更好地履行职责。在爱好上也是如此，苛求不得。如果你已经开始跑步、节食、弹吉他或去上绘画课，如果你选择做某件事是因为你喜欢，是因为你很享受做这件事的过程，那么为何还要对自己那么苛求呢？难道你要剥夺自己的乐趣吗？如果你继续在这条路上执迷不悟，你最终将不得不放弃你的爱好，因为它势必会变成你生活中的另一个沉重的负担。

你有没有想过，为什么你必须不断地向自己证明你擅长一切，或者为什么你需要不断地超越自我，每次进步都得比上次大？也许这背后隐藏的是自卑，或者是对自己的现状不满意；也许你只是想满足外界对你的期望，或者更确切地说，是你以为的外界对你的期望。

即使你心里清楚，苛求自己就等于伤害自己，却依然执迷不悟。你知道这是为什么吗？因为苛求自己是最容易被人欣赏的一种"品质"。自我要求过高的人往往会设定极高的工作标准，并不断努力达到甚至超越这些标准，而这些标准往往是旁人难以达到的。这样的态度恰恰是令人欣赏的。然而，那些不过于苛求自己的人往往过得更快乐。他们承认自己有不完美的地方，也能坦然面对错误，这有助于卸下更多负荷，让人专注于当前最重要的任务。

苛求自己只应在少数情况下出现，比如有紧急任务需要赶在截止日期前完成的时候。这时候，严格要求自己可以提高工作效率。在有合理动机的前提下，偶尔对自己苛求一下并无大碍。然而，如果在每一项活动中都对自己高标准、严要求，并孜孜不倦地追求完美，那么你肯定会感到难以忍受。学会选择何时自我苛求，会让你更加自由。

接纳自己，你已经足够完美了

完美的意义恰恰在于不完美的存在——对所有人来说皆是如此。绝对的完美是不存在的，不完美才是现实。当我们观看马拉松比赛时，计时器上的数字总是令人惊叹不已，我们以为那已经是完美的表现。然而多年之后，我们会发现那个数字还有提升的空间，哪怕只是减少 1 秒，甚至是 1/10 秒，都是一个全新的高度。没有什么是绝对完美的。不完美是一种恩赐，它赋予了我们创造全新自我的机会。这种"自我再创造"应当被视为一场游戏、一次学习的旅程，而这一切都与痛苦无关。

如果你能将责任转化为爱好，那会是一种更理想的状态。如果你在工作中体验到的乐趣大大超过了你承受的压力，那么你的工作质量定会得到提升，你也会拥有更多自信，对自己更加满意，最终收获内心的平静与舒适。如果你对自己过于苛刻，目标将难以实现。你的爱好非但不能带给你平静、放松和快乐，反而可能变成一项令人沮丧的活动，原因就在于你把目标设定得过高，高到根本无法完成。也许，你根本就不该设定具体的目标，而是应该随心而动："今天我要去跑步。我的目标是什么呢？就是享受跑步的乐趣。"

质疑"我应该……"

"应该、必须、总是、从不、无法忍受……"这些都是自我苛求者和完美主义者常用的表达方式，充满了压迫性。你要学会用温柔和友善的态度对待自己，这样你才能更好地享受生活中的每一刻。

有些人是这样写的：

- 我应该每周都多训练几天。
- 我应该在游泳的时候更加努力，再多游 200 米。
- 我应该利用休息时间，再多练练吉他。
- 我应该画得比课下作业更好才对。

如果你列的清单和上面的示例差不多，那么请你逐一浏览其中的每一条，问问自己为什么应该这么做，并给出回答。例如："为什么我应该多训练几天？"你肯定无法找到一个非常合乎逻辑的答案。如果你觉得找到了，比如"为了跑得更快"，就再问自己一次，为什么想要"跑得更快"。这是你开始这项爱好的原因吗？你到底是为了跑得更快，还是为了练习一项你喜欢的运动，并从中获得乐趣呢？

你会发现很多的"我应该"其实都源于外界对你的期望。你把这些"应该"纳入了自己的价值体系，却从未质疑过它们的合理性。然而，这些"应该"往往是你的父母、老师或教练强加给你的，你甚至都没有停下来思考过，是否真的希望它们成为你生活的一部分。"我应该把这项运动坚持练下去"，这样的想法往往源于你从小接受的教育，即"持之以恒对于实现目标至关重要"。诚然如此，但对于爱好而言，乐趣或许才是更为重要的因素。因为一旦你从某项活动中感受到了快乐，你自然就会更愿意坚持下去。

试着与你的那些"我应该"进行辩论，深入了解它们的来源，把真正适合你的留下来。如何判断是否适合呢？关键在于你要坚持的事情是否能给你带来乐趣，而不仅仅是符合你的价值观体系。对于留下的那些"应该"，试着将它们转变为"我可以""这适合我""这是个不错的选择"之类的表述。例如："今天出去跑个步吧，这是个不错的选择。如果感觉好的话，就继续坚持下去。"这种表达让人感到更舒服。习惯于这样表达的人，往往不会给自己强加过多压力，因为选择的过程本身就让他感到快乐。他知道，从自己的内心出发做选择，会让他成为一个更自由的人。

保持自己的本真

为了博取他人的刮目相看而拼尽全力，实在是大可不必，那只是在自我感动。大家更喜欢你真实的样子。比如你和朋友相约出去跑步，一周跑一两次，朋友就能感受到你对跑步的热情了。只要你有兴趣并乐于参与，就已经很好了。一个人之所以总是追求完美，原因之一就是想要被接受、被欣赏、被重视，希望获得他人的高度评价，或者不想让他人失望……然而，大多数情况下，根本就没有人要求你达到完美的程度。到头来，你只是在自我感动而已。不信你可以尝试一下：如果你告诉一群朋友你每隔一天出去跑一次步，每次5千米，他们会觉得这很棒；如果你告诉他们你跑了7千米而不是5千米，他们同样会觉得你很棒。那两千米的差距在他们眼中并无太大区别。要记住，你的爱好是以享受、收获新体验和对新事物的好奇心为基础的，而不仅仅是为了超越自我和追求完美。当然，在这个过程中你一定会有所提升和成长，但这一切都是自然而然发生的。

卸下心理枷锁

千万别总是批评自己！即便未能达到预期，也要对自己多一些宽容。这个时候批评自己，也不会带来积极的结果。对自己过于苛责不仅毫无用处，而且也不明智。请对自己多一些欣赏，少一些批评。

苛求自己换不来你脸上的笑容。你或许高估了完美主义与自我苛求的价值，误以为它们能让自己赢得他人的认可。实际上，这些行为模式不仅难以获得预期的赞赏，反而会在人际关系中造成无形的隔阂。当你以严苛的标准要求自己时，这种紧绷感会不自觉地传递给身边的人——无论是伴侣、子女还是同事，他们都会在你无形的压力下感到窒息，因为你总会不自觉地要求他人也达到自己设定的理想化标准。

不要那么固执。保持开放的心态，做一个不那么刻板的人。这并不是在鼓吹"责任感无用"，而是希望你不要被僵化的思想束缚，学会面对"不完美"，懂得如何与焦虑、沮丧等负面情绪共处。接受这些情绪的存在并顺其自然，仅此而已。

在团队中培养爱好，有助于培养你团结合作的精神。自我苛求者往往讨厌团队合作，因为他们常常觉得别人都不够高效、专注和细致。因此，在培养爱好时，最好把自己融入团队中，比如和一群人一起骑自行车、跑步或跳舞。看到别人那么放松、那么享受，你也会为了适应团队的节奏而不得不放慢自己的步伐。

把注意力放在令人愉悦的部分上

沉浸在自己的爱好中时，哪种感觉你最喜欢？是自我苛求时的紧张，还是开怀大笑时的轻松？是听音乐时的陶醉，还是不停训练时的专注？是时刻提醒自己别出错的焦虑，还是尽情释放自我的洒脱？当然，这一切都取决于你的关注点。

其实，享受是可以促进学习的。如果你对所做之事没有浓厚的热情和乐趣，就很难学得更好。所以，让自己放松下来吧，让兴趣和热情引导你前行。在做自己喜欢的事情时，哪种感觉吸引你，你就关注哪里。不要总是想着"我必须怎么样"，而是把注意力放在令人愉悦的部分上。想想看，你正置身于一个充满学习氛围的环境中，身边有志趣相投的同伴，他们正准备与你在这个环境中共同成长，还有乐于帮助你的老师或教练。他们都能帮助你。当你试着去关注积极的感受时，你会发现它们能驱散你内心的焦虑与不安。

对自己说："你今天所做之事都是完美的。"记住，你在今天做的所有事情中，都贡献出了最佳表现。明天你可能会学到一个新知识、一种新技巧，那时候，你会感到你比今天的自己更强大、更睿智，但不要忘了，今天的你已经做到了最好。

在一个人自我苛求的外表下，他身上往往隐藏着这些问题：自卑，渴望得到他人的认同，在人际关系中倾向于苛求他人，暴躁，多疑，极度依赖外界的认可，缺乏安全感，控制欲很强，凡事追求计划周详，恨不得能提前预知一切，时常感到沮丧和悲伤，对取得的成果总是不满意，总觉得自己努力得还不够，对失败充满恐惧，等等。如果只会不停地苛求自己，而不懂得欣赏自己和享受周围的事物，就会错失许多美好。如果你想要改变这一切，就赶快行动起来吧！

14

预期性快乐

万物皆有其美，但非人人可见。

——中国谚语

在心理学中，我们使用"预期性焦虑"这一概念来阐释：对尚未发生的负面事件或不确定结果产生过度担忧、紧张或恐惧的心理状态。之所以会出现这种反应，是因为人类的大脑早已预设了一个内置程序（无须额外下载），它能够对地球上的所有威胁保持关注和警惕。这个程序极为高效，迄今为止，它总能为我们提供安全感。尤其是当我们察觉到自己即将受到攻击，或生命正面临危险时，它就会立即启动，提醒我们远离危险，保护自己。然而，随着这个程序的不断升级，我们如今已达到一个过于敏感的程度：即使在没有危险的情况下，也能激活这个程序，导致我们出现焦虑或恐惧的反应，甚至在打网球、逛超市、乘电梯、与朋友相聚小酌，或是在公共场合发言时，此程序都能瞬间被激活！说真的，人类真是太了不起了。

讽刺的是，为何我们在完全安全的情境下也会触发恐惧、焦虑的反应呢？原因在于人类太聪明了。一旦我们有过痛苦的经历，往往会将其铭记于心，难以忘却，即便试图遗忘也无济于事。不过，人类的记忆力并非总是如此可靠，比如你想要记住重要的战役名称和发生日期，但不久就会发现，除非你是历史学家或历史爱好者，否则很容易就会忘得一干二净。

预期性快乐

在这里，我们不会讨论焦虑或恐惧。相反，鉴于存在"预期性焦虑"这样的程序，让我们来开发一个新的程序，就叫它"预期性快乐"。预期性快乐是指预测未来会发生积极的事情，并由此感受到的快乐。这种快乐并非来自实际的事件本身，而是源于对即将发生的美好事情的期待。如果说想到可能出错的事情会让我们紧张，那么想到美好的或者绝对确定无疑的事情就会让我们感到安心。

这个程序看似简单，但很多人却难以设置成功。为什么呢？一般来说，原因有以下几个：

（1）有些人认为这样做显得不够谦虚。他们觉得，如果他们脑子里想的都是肯定能成功、肯定能赢得自己想要的东西、肯定能获得一份好工作，那会显得自己既浮夸又傲慢。在他们看来，一个人满脑子想着成功就意味着他是一个完美的人，而且他一定能成功。然而，他们从小接受的教育是他们不是完美的，也不配拥有好东西。因此，对未来过于积极乐观会让他们

142

感到不自在，他们觉得好事不会发生在自己身上，最好谨小慎微地生活，心安理得地承认自己平庸。然而，他们是否真的平庸，似乎无从得知。总之，这是这类人的大致感受。

（2）有些人抱有固执的观念："别老往好处想，更别说出来，不然要倒大霉。"在他们看来，期待好事发生会招致不吉利。可事实正好相反——当我们对未来充满希望时，这种"预期性快乐"并不会招来坏事；真正可能让坏事成真的，反而是那些"预感到要倒霉"的消极念头。这些人把预言看得太灵验，结果越怕什么就越来什么，就像给自己施了魔咒一样，在死胡同里越陷越深。

（3）有些人采取了错误的消极态度，他们总是倾向于认为事情不会有好结果。这样做的唯一好处是，如果结果真的很糟，他们早已有了心理准备。他们认为，凡事往坏处想是一种自我保护的好方法，可以让他们在失败来临时不至于陷入沮丧和悲伤之中无法自拔。然而，生活中的失败千奇百怪、复杂多变，我们总会遇到难以解决的问题，与各种各样的失败打交道再正常不过了。我们只能不断犯错、接受失败，并从中吸取教训。犯错是人类在学习和成长中所必需的。

（4）还有一些人消极得更加彻底。他们多么希望摆脱痛苦，不再以灾难性的方式思考啊！遗憾的是，他们未能将自己的思想锻炼到那种境界。对他们来说，一切事情都是苦难，周遭的世界充满威胁。他们也清楚，这样下去无法安心享受生活，但不知道还有其他什么选择。在以上几类人中，最后这一类是最值得同情的。对于前三类人来说，做最坏的打算是一种选择。但对于最后这类人来说，这是唯一的选择。

尽管上述几类人痛苦的原因各不相同，但最终大家追求的都是同一件事：快乐且平静地生活，尽可能地减少痛苦。事实上，我们拥有很多权利，尽管我们并不总是能意识到或记得它们的存在。下面，跟我重复以下句子，声音要洪亮，吐字要清晰，语气要坚定。

· 我有权享受快乐，无须为自己做任何辩解。

· 我有权拥有自己的想法，有权自己做决定，不必过分在意他人的看法。

· 我有权梦想生活中美好的事物，并为它们的到来做好准备。

· 我有权犯错，也有权在我认为合适的时候重新尝试，无论尝试多少次。

· 我有权不因自己的错误而感到沮丧。

· 我有权善待自己，善待我的生活。

如果你预计未来会出现不利的情况，大脑就会让注意力集中在负面信号上。比如，你即将参加一场比赛，如果你预感自己会失败，或者会遇到什么棘手的问题，你的大脑就会把相关的负面信息视为关键信息。事实上，这些负面预感就是你向大脑输入的指令。当比赛（或考试）到来时，大脑便会努力寻找各种不利的条件和复杂的问题，不断放大你的紧张感，以证实你的预测——你会失败或困难重重。这种巧合是否让你感到惊讶，实际情况竟然真的和自己的预感相一致了？其实，这是因为你的大脑完全听从你的指令。这几天来，你对一切都心不在焉，坚持认为比赛很难，别人比你准备得更充分，你比不上别人，所以，你的大脑最终会为你选择相关的负面信息，并传递给你。它真的只服从于你。

可是，如果你反其道而行之呢？如果你预感会发生积极的事，比如因为你最近一直在努力学习，所以考试是可以通过的；比如你与其他竞争者一样优秀，是合适的候选人……那么这时候，你的大脑就会在数十亿个信息中搜索积极的信号。这是否能保证你一定会成功，比如赢得比赛或获得席位？其实并不能，但这确实可以帮你获得更美好的体验，让你摆脱以前的痛苦，不再焦急地等待最坏的情况发生。更重要的是，预期性快乐能够激发大脑的积极反应，为你追求和实现目标提供助力。

可视化技巧

我们怎样才能以合适的方式获得预期性快乐呢？因为一般来说，我们并不认为自己是最棒的，不认为自己轻轻松松地露个面就可以通过考试，就能万事大吉。

获得预期性快乐的最佳方法是利用可视化技巧（或者叫引导想象），可视化技巧能创造出与你想要的积极体验相关的心理图像。下面这个示例诠释了在同一个场合，预期性焦虑和预期性快乐带给你的不同感受。

场景 1：预期性焦虑带给你的……

今天是你入职的第一天，你的脑海中涌现出了各种负面想法：你担心自己是最后一个到达公司的；你不确定自己能否适应这个新岗位；你知道公司最近正在裁员，因此担心同事们会好奇为什么会有新员工报到，甚至对你抱有敌意。你害怕被拒绝，害怕置身于一个敌对的环境中。你不确定是要主动和同事们一起喝咖啡，还是被动地等待他们的邀请。你还害怕新工作上手困难，害怕自己无法满足领导的期待，而这一切都预示着试用期结束后你可能会被淘汰。在家准备时，你就开始纠结，第一天该如何着装，因为你既不想过于正式，又不想显得太过随意……

这些想法让你感到胃部不适，连早餐都无法安心享用，更无法全心全意地享受当下。这就是可视化带给你的影响。遗憾的是，你并没有将第一天上班设想得多么美好，反而预测自己会遭遇重重困难。

场景 2：预期性快乐带给你的……

今天是你入职的第一天，你感到精神焕发，内心充满自豪。你已经一年半没有工作了，而现在机会就在眼前。你回想起自己在面试中的出色表现，确信自己非常适合这个岗位。

你想象自己面带微笑，善待同事，尽力满足他们的需求，并下定决心展现出自己最好的一面。刚开始几天，你对业务还不熟悉，但如果你虚心向领导或同事请教，相信他们会给予理解和支持。于是，你很快就会对新工作得心应手。

上班第一天，你会向直属领导表达自己对学习新知识的浓厚兴趣。无论遇到什么问题，你都会用正确且耐心的方式向领导请教。你会发现坐在自己的工位上非常舒服。你还会拿出特意准备的糖果分给周围的同事，这既显得礼貌，也能庆祝自己的新开始。你还会恳请同事们在茶歇时间别忘了通知你，因为你渴望更多地了解他们，并与他们共享那轻松愉快的时刻。

你应该能够感受到，以上两种场景给人带来的感受截然不同：一边是恐惧，一边是兴奋。变化的不是情境，而是思维方式。在第一个场景中，主人公仿佛成了囚徒，被他人的想法和自己的无能为力所囚禁，总之，被一切可能失败的因素所束缚。一想到这些，他就会产生恐惧或焦虑情绪。在第二个场景中，主人公想象的都是积极的一面，这并不虚幻，一切皆有可能。他关注的是自己的行为方式，而非他人的反应。他会思考如何向他人示好，如何在错误中成长，告诉自己要保持耐心，主动展现自己，主动提出与大家共进午餐，而不是被动地等待他人的邀请。总之，他一直掌控着局势，并根据自己的情况积极地思考应对方案。对他来说，一切皆有可能。

通常，从你第一次踏进办公室的那一刻起，同事们就能感受到你散发出的气场：是积极的还是消极的，是自信的还是自卑的。可视化能够助力你的大脑为即将到来的事情预热，提高你的注意力、专注度和积极性，并激活负责执行功能的大脑区域——即便这一切尚未真实发生。当你运用想象力时，大脑就像被激活的电路，将想象中的世界生动地呈现在你眼前：那些你曾经想象的图像、画面等信息已被镌刻在你的记忆中，时刻待命，一旦遇到合适的契机，便会"应召而出"，化为现实。掌握可视化技巧的人，即便未亲身经历，也能品尝到成功的滋味，这有助于他们建立内心的安全感和自信心。

还记得前面提到的模仿学习吗？你需要在脑海中以图像、视频等形式，预先勾勒出想要模仿的对象，随后对其进行复制。如果你是一名运动员，那么这个模仿对象可以是一名顶级水平的运动员，模仿的内容则是你渴望掌握的某个动作。当然，你也可以模仿某个乐观的人，学习他在面对困境时的应对方式——别担心，你的镜像神经元会协助你完成这一切。同样，"预期性快乐"也可以通过模仿获得。

要想获得"预期性快乐"，你可以尝试遵循以下步骤：

（1）根据你当前所专注的活动，想象那个决定性时刻真正到来的场景会是怎样的。比如你最近正在专心备考，那么你可以想象一下考试时的场景。

（2）对整个场景展开具体的想象。想象这个场景发生的地点在哪里，陪伴你的人是谁，当时的天气状况如何，等等。场景越贴近现实，越能激发你的真实感受。

（3）在整个想象的过程中，要专注于你能够掌控的事情。不要臆想考试一定轻而易举，对手必然失败，或是一切都将尽善尽美。你只需专注于自己将如何演绎这个过程，因为这是唯一真正可控的因素。

（4）无论发生什么，都要多关注自己的优势。多问自己：我擅长做什么？我是不是经历过类似的困境，然后成功搞定了呢？当时我是怎么做的？

（5）在想象的过程中，要用积极的方式同自己说话，给自己口头鼓励："好，太棒了，就是这样，好好享受吧，你配得上这一切！"

（6）多留意自己的感受，你是否感到骄傲、喜悦、兴奋，充满了安全感、力量和热情？

（7）要相信这是你应得的。

（8）训练自己。为了在想象的过程中保持清醒和专注，自我训练是必不可少的。刚开始的时候，想要完全集中注意力确实很难，但这和所有冥想练习是一个道理，只要肯投入时间，对自己多一些耐心和包容，就一定会有理想的效果。

　　针对你目前进行的活动或项目确定一个目标，无论大小。然后设想实现目标期间具体的经过，比如事情怎么进展，理想的结果是怎样的。你只需要把过程描述得详细、具体就好，注意聚焦于你能控制的部分。

　　写完后，闭上眼睛，试着让你刚刚设想的故事以最为真实的方式在脑海中上演。当你"经历"了这一切并睁开双眼时，别忘了关注自己的感受。

　　生活就是既有难过，也有欢乐。多数情感都是不请自来的，而且行踪不定。人生路上已经有足够多的绊脚石了，难道你还嫌不够，还硬要再往上加点吗？有时候前方根本没有石头，你却如临大敌、草木皆兵，在自己也不知道会遇到什么的情况下承受了许多额外的痛苦。更聪明的选择应该是"预见快乐"，让自己相信：快乐就在前方，我要时刻准备着。等它来了，我就大口呼吸，好好享受！

15

感觉不好时，
就只做最低限度的事

> 宁可在正确的道路上跛行，也不要在错误的道路上狂奔。
> 因为走在正道上的人，即使步履缓慢，也能接近目标；而
> 偏离正道的人，跑得越快，反而离目标越远。
>
> ——奥古斯丁

    抑郁这东西可真是糟糕至极！我指的是那种因长时间闷在家里而憋出来的抑郁情绪，并非临床意义上的严重情绪障碍。我指的是那种对你来说糟糕透顶的日子：你情绪低落，整个人毫无生气，自我价值荡然无存，只想躺在床上无所事事，且深知这样的状态只会越来越糟。

    这样的状态在一些人的生活中屡见不鲜，而对另一些人来说则只是偶尔出现，但我们都能轻易识别出它的存在。在这种状态下，你仿佛陷入了一个恶性循环，一件糟糕的事引发另一件糟糕的事，随后你便发现自己深陷其中，难以摆脱。你明知继续沉沦会伤害自己，却难以挣脱这个旋涡。你甚至还没迈出

第一步，就已失去了迈出第二步的动力，疲惫与懒惰相互交织，日常生活中的点滴成就也消失得无影无踪。一天的时间转瞬即逝，你却未做任何对自己有益的事情。在这种恶性循环的日子里，有太多的"无法挽回"：无法挽回地起晚了；无法挽回地在早餐时偏离了健康饮食；无法挽回地迟到了；无法挽回地发现自己连澡都没洗，也未梳妆打扮。于是，你便窝在沙发上，或是干脆连床都不下，闭着眼睛，继续沉睡。在这一个又一个"无法挽回"之间，你一事无成。然而，最糟糕的时刻往往在一天结束时到来。你或许已经因一整天的碌碌无为而感到难过，但当你回顾这一天时，等待你的将是更为沉重的打击。懒惰固然令人不悦，但意志力的缺失更是雪上加霜。消极怠工，任由懒惰摆布，这样的行为终将受到惩罚，但最严厉的惩罚并非来自老板、老师或教练，甚至也不是朋友，而是你自己！你会开始自我责备，质问自己为何不够自律，为何不能逼自己一把，为何如此不负责任……你会发现，自己陷入了前所未有的消沉境地，而当第二天早上醒来时，你的心情只会比前一天更加沉重。

不要将控制权交给情绪

思想、情感和行为是相互关联、相互影响的。因此，当你情绪低落时，你的行为实际上已经完全被情绪所左右了。是你亲手将控制权交给了情绪，任由其将你击败。此外，这一切还伴随着无数消极的想法。它们绝不会让你独自沉浸在悲伤之中，而是在你脑海中不断回响："你今天不该待在家里""你真是太不负责任了""你让团队中的其他人失望了，你无法胜任这项工作""你怎么总是被这样或那样的问题难倒"……

你之所以状态不佳，可能是因为遭遇了一些令人难过的事情，如身体不适、工作压力过大等。这些问题听起来似乎是一个个巨大的灾难，但实际上并非如此。许多人感到极度糟糕，不是因为犯下了严重错误，而是因为未能按计划节食、运动、上英语课之类的小事。任由这些小事扰乱自己，只会让自己陷入无休止的烦恼之中。眼前的难题本身已让你足够难过，但无法掌控自己的生活带来的羞愧和沮丧会让你陷入更深的困境。

在这种情况下，我并不会要求你改变思维方式，只希望你能明白一件事：做到最低限度的努力就足够了。这个"最低限度"指的是比"什么都不做"稍微多一点点。如果你什么都不做，可能会让你感觉非常糟糕，但只要你稍微付出一点儿意志力，做一点儿事情，你的日常生活就不会完全陷入瘫痪，你也不会成为一个完全失职的人。这样，你的自信心和幸福感就会有所提升。最低限度的事情包括：

• 平常跑 5 千米的话，今天跑 5 分钟就足够了，不管到底跑了多少米。

• 如果状态太差无法上班，可以在家里处理一些简单的邮件。

• 如果不想做饭，就准备一些简单的食物，比如三明治。

• 如果不想洗澡，就简单地洗洗脸吧。

• 如果手头的项目、报告或文章没能按时完成，就打开文件简单浏览一下。

• 如果日程安排得太满，就挑一件你最想做的事情去做。

以上这些事，你哪怕只做其中一件，也比什么都不做强。这是为了让你保持在"正轨"上。而且，在做的时候无须追求完美。你可以这样想："好吧，我就做这么一点儿，达到最低限度就好。至于之后的事，之后再说吧。"

当你感到悲伤和沮丧时，就不要再给自己增添压力了。这时候，最不应该的就是逼迫自己完成所有事情，也不必因为什么都没做而自责。做任何事都需要我们的身心保持一定的活跃度，但是在有些时候，我们就是难以让自己行动起来。有些责任是我们无法推卸的，比如照顾孩子（包括接送他们上学、为他们准备饭菜），这时候不妨对自己宽容一些，比如带孩子们出去吃饭。这么做并不意味着你就是一个不负责任、粗心或懒惰的人。

只做到最低限度，并非一种消极敷衍的态度，而是一种充满希望的行为。这意味着，在面对低谷时，我们无须强行抵抗，但也不让自己完全被低谷所掌控。当你陷入低谷时，想要挣脱确实困难。事实上，很多人对自己的情绪了解不足，难以察觉自己的真实感受。他们超负荷工作、忍受一切、自我逼迫，对前方的"禁止通行"标志视而不见。直到有一天，他们完全崩溃了，彻底跌入谷底。想一想，把人从 25 米深的洞里拉出来，自然比从 3 米深的洞里拉出来要费力得多。

每个颓废的人，一定也经历过许多美好的时刻。然而，人的情绪有时会在瞬间变得异常强烈，甚至将人压垮。到最后，即使想重新振作起来，却不知从何开始。当你发现自己处于这种状态时，你可以问自己："如果我现在感觉很好，我会在做什么呢？"当然，你之前完全沉浸在自己的想法、感受和困难中，无暇寻找解决方案，但如果你一直沿着同一个方向、围着同一件事打转，不停地追问自己："我为什么会这样？""我感到无能为力，我的意志力怎么这么薄弱呢？"那么，你将永远无法找到出路。你应该让思绪停下来，不再纠结于那些负面想法，并开始想象：状态良好的我，此时此刻会在做什么呢？

记住，以下几件事不要再做了：

• 不要将自己与他人比较。

• 不要进行自我评判。

• 不要试图为自己的情绪找到合理的解释。

• 不要为自己刚才、两个小时前或更早之前没能完成的事情感到遗憾。

• 不要因无法实现目标或履行义务而批评自己。

• 不要虐待自己，不要自我惩罚。

为什么上面这几件事你不应该再做了呢？因为到目前为止，以上这些行为都没有激励你，没有让你得到你想要的东西，所以它们毫无用处。

其实，你完全可以反其道而行之，就像这样：

• 为你的感受命名。例如，"我现在的感受是悲伤。"

• 不要用情绪来定义自己。例如，"我此时的状态是悲伤，但悲伤不是我个性的一部分。"

• 学会接受。例如，"没错，我现在状态很差，情绪很糟。"

• 明确一件事：你现在的状态如何，完全由你自己决定。试着抽离出来，从远处观察自己的情绪，就像坐在大屏幕前看电影一样。

• 承认此刻的感受确实有点差，但它并不能将你限制住。

• 调整节奏，保持平衡。做事不要太极端——要么全做，要么什么都不做。

在生活彻底陷入瘫痪之前，请按照以上几个方法进行自救。这不是一场必须赢得的战斗，而是一种需要被深刻理解和接纳的状态或情绪。如果你偏要与自己的感受宣战，那么最终的输家只会是你自己。

艰难时刻，你需要同情和善待自己

拥有同情心意味着我们能够深刻理解他人的痛苦。当我们了解了一个人的不幸遭遇后，我们往往会对他产生同情，进而选择陪伴在他身边。不过，对有些人来说，同情别人比同情自己更容易。如果你就是这种人，那么你需要明白，同情自己并不会使你沦为受害者，因为你并非一个终日自怨自艾、满腹牢骚的人。自我同情意味着尊重并理解自己的感受，为自己内心腾出应有的空间。当你做到这一点时，你也就能够真正地关心自己，并妥善地照顾自己了。你需要清晰地认识到自己的感受是什么，它是如何影响你的，它的本质是什么，以及它对你的生活究竟意味着什么。自我同情就是以更加人性化的方式对待自己，允许自己犯错误，接纳自己的不完美。

有时，你感到什么事都不想做，也不想承担责任，而这些表现往往会受到领导、老师或教练等人的严厉批评。面对这样的自己，你似乎很难再展现出自我同情。你总是关注自己未能完成的事情、自己的失败，而不是自己的真实感受。更糟糕的是，你不会原谅状态不佳的自己，因为正是这样的状态导致了该做的事情未能完成。完美主义和不断的自我批评，会让你离自我同情越来越远。到目前为止，自我同情常被人误解为一种逃避责任的行为，好像在为自己的不良情绪开脱。实际上并非如此，自我同情并不意味着逃避责任，也不是要责怪别人（当然也包括你自己）。它代表的是自我接受和自我理解："是的，我此刻的状态很差，而这种状态在人生的旅途中是再自然不过的现象。"只有这样想、这样做，我们才能更好地应对人生的低谷，继续前行，过好我们的生活。

善待自己是尊重自己的表现，对自己更加仁慈和宽容，并相信自己值得受到这样的对待。善待自己的反面是自我贬低和轻视。为了爱护自己，你必须学会从善意的角度来看待自己的错误。有时你会严厉地批评自己，对自己提出过高的要求，可是几天后你就会意识到那样的做法是毫无意义的。遗憾的是，伤害已经造成。因此，学会善待自己，用更加温和和宽容的态度来面对自己的过错和不足吧。

练 习

　　想一个你经历过的糟糕场景，当时的你没能有很好的表现。现在，你可以问自己以下几个问题：

　　• 假如当时的我懂得自我同情，我会怎么做？我会有怎样的感受？

　　• 假如当时的我懂得善待自己，我会对自己说什么？这样做会对我有帮助吗？会有好的效果吗？

　　从现在开始，别再把自己封闭起来，别再自我折磨了！试着一点点地把"最低限度"抬高。"我的下一个最低限度是什么？是从床上爬起来。好的，这一步完成了。继续，下一个最低限度是什么？冲个澡。这一步完成后，下一个最低限度又是什么？好吧，放松地吃个早餐……"这样一点点地、有意识地推进下去，你会发现自己做到的已经远远超出你的想象了。

16

记忆回炉：三思而得幸福

我们所有的尊严就在于思想。正是因为它，我们才可以鼓舞自己，而不是通过我们无法填充的空间和时间来鼓舞自己。

——布莱士·帕斯卡

生活中有这样一些人，他们把自己受到的羞辱和经历的创伤记得一清二楚，对遇到的人、经历的事只记得最坏的部分，他们的脑海中充满了负面信息。这种思维模式导致他们的记忆丧失了客观性。事实上，上述心态是不可取的，因为我们的记忆与情绪密切相关，情绪会使记忆更加深刻。我们对充满情绪的经历总是记得更清楚，无论当时的情绪是积极的还是消极的。众多研究表明，相比消极的经历，我们对积极的经历往往会记得更深刻。然而，并不是每个人都有保留美好记忆的能力，有些人满怀怨恨、愤怒和沮丧，生活在痛苦之中，发现自己无法放下过去的不开心，任由过去决定现在和未来。快乐的人往往会记住别人的好，选择忘记那些糟糕的时刻，这使得他们不会心怀怨恨或沉浸在痛苦中。

为什么我们的记忆会有偏差？

当面临分手或与人发生冲突时，许多人会把对方描述成一个自私自利、善于操纵、咄咄逼人的形象，似乎这样想能让自己心里好受一些，让自己理解冲突发生的原因。事实上并非如此，忘记一个人的最佳方式是对这个人以及你们之间发生的事情保持中立态度，就好像这个人在你的生活中无足轻重，不值得你投入太多情绪。切勿对其怀恨在心，满怀鄙视。因为强烈的情绪会阻碍我们遗忘，让我们无法平静地生活，最终导致我们本想驱逐的人永远留在了记忆中。

人类的记忆容易出现偏差，有时我们回忆起的并非真实的经历。冲动、缺乏耐心和偏见常常会导致我们夸大经历中的负面信息，从而得出对人或事的负面结论。我们将这些结论储存在长期记忆中，从不质疑它们的真实性和客观性，也不扪心自问："是不是我自己也有问题？""也许在那次冲突中，我的责任比想象的要大？""他那时真的是有意冒犯或伤害我吗？"

人类的记忆为何会出现偏差呢？原因有以下几种：

（1）为了从经历中吸取教训。谁都不愿被同一块石头绊倒两次。因此，我们倾向于认为，把不好的经历想得越糟糕，就越能降低重蹈覆辙的风险。这其实是大错特错的，无数伴侣的相处经历就是证明。和伴侣分手后，你否定他的一切，逢人便说他辜负了你，断言你们的关系没有任何挽回的余地。然而，一条浪漫的信息、一次真诚的道歉、一个郑重的承诺，就足以让你们和解。总之，一直记得这个人的坏处，并不能保证你真正吸取了教训。

（2）为了不让自己显得愚蠢。善良的人拥有宽广的胸怀和很强的共情能力，然而，人们总倾向于把善良与愚蠢联系在一起。当有人辜负了你，你和周围的人总是想让那个人身败名裂，好像这样做是理所当然的。因为如果你为辜负了你的人说好话并表现出尊重，很多人会站出来反对你。他们不会因你表现出的体面和谨慎而称赞你，反而会说你："真蠢！这不是等着人家继续欺负你吗？"

（3）为了复仇。我们希望那个人受到惩罚，这就是为什么我们不断地向身边的人谈论他，这么做的核心目的是将此人的丑恶行径公之于众。他是怎么辜负你的，别人原本不知道，只有你知道，而现在你到处宣扬这个人的恶劣行为，就是为了告诉他："伤害了我，你就别想安宁地生活。"但实际上，那个"恶人"对待你的方式是发生在特定情境下的，他和其他人相处时很可能并不那么坏。所以，其他人对他的印象和你对他的印象很可能会大相径庭。总想让别人觉得你是好人，而伤害你的人是恶人，这种行为实在有失风度。你只需和别人谈论你自己的感受就好，尽量避免流露出个人的价值判断。

（4）想要忘记某些东西，最佳的策略就是忽视它，而想要忽视它，你需要做到不去过度感受它。分手或创伤经历本身就会引发内心的负面情绪，如果你还要刻意寻找各种解释，发表些耸人听闻的言论，那么消除这段记忆就会变得更加困难。放心吧，忘记并不等同于原谅，就算原谅了，那又有什么关系呢？你是想继续恨那个人，还是想让自己快乐起来？你的蔑视、仇恨或愤怒能让他的生活变得更糟吗？你能改变他的命运吗？如果你最终让他受苦了，你会感到满足吗？不，并不会！强烈的负面情绪只会伤害你自己，对对方毫无影响。他正在做他自己的事情，努力过好自己的生活，与你的情绪毫无关系。

（5）为了给自己开脱。如果你在阐述这件事时，试图将对方说得极为邪恶，那么就可以为自己推卸责任了。你很可能会这样说："是他辜负了我，我一点儿责任都没有，就算有也比他少。"有时可能的确如此，责任完全不在你，但在说这种话时，最好确保你在冲突中一点问题也没有。事实上，无论你愿不愿意承认，多数情况下你不可能完全没有责任。

你要与什么保持距离？

让我们采取行动吧！虽然并非所有的事情都是可控的——更不用说复杂的人际关系了，但你确实需要设定一个标准，明确你应该与什么保持距离。这样一来，你就可以有意识地与他们保持距离，而不是事后懊悔。

你需要远离的是：

（1）像病毒一样的人。这样的人有如下特点：谈论的问题多于解决方案；喜欢批评、指责他人，总是觉得自己受委屈，觉得所有的人和事都在针对自己，而且一点儿小事就能影响到他的情绪，就好像生活亏欠他很多；不断地散播坏情绪，持消极的人生态度，对生活本身以及他所遇到的问题都充满蔑视。最糟糕的是，你会被他感染。当你和这样的人交谈时，你会发现自己的精力正在被他快速消耗，觉得世界上的一切都不顺心。为了不让自己被这种"病毒"感染，避免自己变成一个满腹牢骚的人，你可以要求他改变话题："停！不要再说别人的坏话了；停！多看看你生活中积极的一面吧；停！我自己的问题已经够多了，所以咱们还是换个轻松的话题吧。"

（2）不好意思拒绝别人的请求，总是轻易答应别人。有时，拒绝的"不"字已经到了嘴边，却没能说出口，这会让你心情低落，最终演变成自我责备，因为你明明不想做某件事，却在别人面前选择了妥协。这都是你与人交往时缺乏自信、社交技巧不足所导致的。明明是对方在请求你做事，最终感到愧疚的却是你："人家都开口了，我哪好意思拒绝啊！我可不能让别人失望。"你宁可这样勉强地接受一百次请求，也不愿意正视自己的问题——不会说"不"。所以，下次对方提出请求时还是一样地"强硬"，你还是不知道如何拒绝，这是不会改变的，但你可以给自己设定底线。在你轻易答应之前，先考虑一下后果。"行"这个字不要轻易说出口，因为一旦说了，你就得负责到底，无论对方的要求有多么不合理。其实对你来说，和这个人的交情也许远远没有你的时间和心理健康来得重要。如果向你提出请求的人无法接受你的拒绝，也许你就不应该再和他保持密切的关系了。

（2）风险。对你来说，冒着风险去做一些事情可能极具吸引力，让你兴奋异常，肾上腺素激增，但限制、规则的存在并非毫无缘由。每当你跨越这些安全边界时，你就是将自己置于潜在的危险之中。这些风险可能会对你的社交、经济和健康状况造成严重影响。如果你不想过于保守，那至少也别让自己毫无防备地暴露在风险之下，其中的平衡当然由你自己来决定和把握。

练 习

从不同视角看待负面经历。写下你记忆中的负面经历，想想当时发生了什么，涉及哪些人，最重要的是：你对这件事做何解释，你如何证明发生的事情是合理的。写好之后，针对你的感受、你对自己解释的信心程度打分（最低 0 分，最高 10 分）。

下面的示例或许能帮你更好地完成这个练习：

我和一个同事吵架了。他对我说："整个项目组中只有我一个人在干活，而你们其他人什么都不管！我感觉自己被孤立了，对此已经忍无可忍。"我觉得他这么说很自私。我反驳道："你不过是想和项目经理套近乎而已！"随后，我愤怒地摔门并离开了他的办公室。我认为他之所以会这样说，是因为他本身就是个爱抱怨的人，总是斤斤计较每个人对团队的贡献。他的脾气如此暴躁，导致我也失去了理智。对于这次争执，如果让我给自己的解释打分，我会给出 7 分或 8 分。当时，我的情绪主要是愤怒，且越想越生气。

练 习

现在，换一个角度再做一次上面的练习。假设你不是冲突中的那个人，而是另一个角色，承担的是与此不相干的责任。忘记负面事件带来的后果，想想是否可以用更善意的方式去寻求解释。写完之后，同样针对你的感受、你对自己解释的信心程度打分。

如果我让自己抽离出来，忽略掉"我不喜欢这个人"这一事实，那么我可能会对他有如下评价：他确实是个爱发牢骚的人，但同时他也非常努力，是个不折不扣的完美主义者，对自己要求极高。或许我们团队中的其他成员并没有达到他期望的高效状态，这让他感到十分愤怒。他可能只是希望我们能够更加投入地工作，却不知道如何正确表达自己的想法，最终只能通过发牢骚的方式来宣泄。也许他并不是想在老板面前炫耀自己，而是真的希望项目组中的某些人能够再加把劲，因为他们的工作效率确实有待提高。对于这次的解释，如果让我打分，我会给出 8 分或 9 分。

　　虽然我还是不太喜欢这位同事，但这一次我能够尝试以不带恶意的眼光去看待那次争执，这让我感觉好一些了，没那么愤怒了。

　　通过以上练习你会发现，当你改变对事实的解释时，你的情绪也会随之发生变化。

行动起来，才能解决问题

　　冲突发生后，我们与其说是渴望得到他人的宽恕（当然这也是积极的），不如说是希望自己不再为此事痛苦。因此，想要解决冲突，还是要从情绪入手。为此，我们应该做到：

（1）面对冲突和冒犯，以一种更加理解和宽容的心态去审视对方的行为，是一种有助于缓解内心痛苦的方法。这并不意味着认可或容忍不良行为，而是尝试从多个角度去理解对方的立场和动机，从而更好地管理自己的情绪，并寻找建设性的解决方案。无论如何，我们永远无法确切地知道那个人为什么会有这样的行为。选择善意的解释可以减少我们的愤怒，使遗忘变得更容易。比如，可以这样想："他过得很艰难""他没有能力以其他方式表达他的愤怒""发生的事情让他感到非常受伤，以至于他不知道如何做出其他反应"……

但要记住，切勿为虐待、攻击等行为找借口。绝对不行！可以"美化"的只能是那些出于无知、误解或一时冲动的行为，这些行为背后或许隐藏着对方未曾言说的困扰和无奈。我们尝试理解，并非为了纵容，而是为了以更平和的心态去寻求问题的解决之道。对于真正的恶意与伤害，我们要坚定立场，绝不姑息。

（2）接受冲突。我们身边的人、所处的环境都很难是完美的，别人的行为也不可能总是符合我们的期望。"接受"意味着别再把自己当作受害者，别再一直认为自己是输家和被冒犯的一方，也不要反复思考事情本来应该怎样发展，最后为何变成了这样。每个人都是独一无二的，每个人的价值观都不同。生活有其不公平的一面，而且这种不公平与你这个人是好还是坏无关。所以，不要再与你无法控制的事情较劲了。

在咨询中，我观察到很多人会对父母怀有怨恨之情。他们表示，要是自己的父母能少给他们一些保护，多让他们自己做决定，少批评他们，用更友善的方式对待他们，他们会感到更好。虽然说父母对孩子的性格养成负有不可推卸的责任，但在三四十年之前，人们的教育理念与现在相差甚远。如今，有成千上万本育儿书籍，告诉人们如何教育孩子，如何使孩子变得自主、快乐、积极。不过，许多来我这里咨询的患者，年龄都在四五十岁，他们小时候，父母的教育理念完全不是今天这样的。在大多数情况下，我们要学会体谅父母，接受父母的所作所为，相信他们的初衷是好的，这能帮助我们找到内心的平静。

（3）承担你的责任。让自己平静下来的最好方法，就是思考一下自己在这次冲突中负有多少责任。你可以判断和决定冲突中双方各自的责任大小。如果你将责任完全归咎于他人，那么你将无法认识到自身的问题。不改正自己的问题，未来仍然容易与人发生冲突。

（4）如果你决定要解决这次冲突，那就去尝试吧。不要一再地思考为什么会发生这样的事情，以及自己为何受到这样的对待。你应该思考的是在合适的时机去解决这次冲突。如果这个人在你的生活中很重要，或许你可以再给他一次机会，与他再次沟通。在沟通时，避免指责对方，认真倾听，努力理解，充分展现共情。是让冲突和不好的记忆永远留存，还是尝试寻找解决办法，这完全取决于你。这里需要再次强调：对于曾经虐待过你的人，不要再给他任何机会，虐待不在我们讨论的范畴之内。注意，这里探讨的冲突类型不是那些过分的、重大的冲突，而是在日常生活中更常见、不明显的冲突，比如沟通不畅。

（5）要有同情心。正如我的朋友比阿特丽斯·穆尼奥斯在她的作品《正念真有用》中提到的，你可以通过冥想练习，对与你发生过冲突的人抱有同情心。

练 习

端坐，闭上眼睛，想象一个与你发生过冲突的人正坐在你对面。你祝愿他能够平安、幸福、健康、平静地生活。原谅他，这将有助于你驱散内心的愤怒和沮丧。

我们无法确定他人行为背后的真正原因。我们以为的真相只是我们自己的猜测，它带有偏见，并非事实。也就是说，既然我们可以做出选择，那么为了让自己更快乐，为什么不选择对世界和他人充满善意呢？而且有趣的是，对于同一段经历，如果让别人讲述一遍，你听到的版本肯定与自己的记忆有很大不同。我们的记忆是带有偏见的，充满了情绪。过往的真实经历与我们的记忆交织在一起，再加上他人经历的影响——这一

切让我们的记忆变得越来越丰富，但同时也离真相越来越远。我们的记忆并非真相，只是我们想要记住的一个版本而已。

心理学家达斯汀·伍德曾进行过一项有趣的研究，结果表明：对周围的人、事、物持有积极看法，说明我们对自己当前的生活感到满意。因此，让我们将"积极诠释"进行到底，让自己收获更多幸福吧！

17

你是情绪的奴隶吗？

没有激情，难成愿景。

——爱德华多·普塞特

快乐或许偶尔缺席，但内心的平和永远触手可及。

——佚名

你是从哪一刻开始，将一些情绪视为敌人的？你为什么决定要消灭、对抗、否认那些情绪，希望它们从你的生活中消失？一种常见的答案是："因为它们让我受苦。"确实，有些情绪给我们带来了痛苦，但这并不能成为我们想要将它们从生活中彻底消除的正当理由。因为你在消除这些情绪的同时，往往会忽视与这些情绪相关的重要信息，包括它们出现的原因以及应对方法，这不利于你真正地理解和处理自己的情绪。

情绪世界是复杂多样而不是简单对立的

我们的情绪世界并非好坏分明、简单对立的。情绪可以用各种各样的形容词来描述：愉快的、痛苦的、活跃的、萎靡的、强烈的、寡淡的、有用的、无用的，但不能被简单地归为"好的"或"坏的"。

面对愤怒、悲伤、恐惧、挫败、羞愧、嫉妒等情绪时，我们最常犯的错误，便是希望它们立刻消失。这种"立刻消失"的期待，往往意味着逃避对情绪的觉察：为什么我会产生这种情绪？这种情绪究竟指向什么？我能从这种情绪中学到什么？它试图带我去何方？我要如何应对它？

情绪作为最原始的生命语言，远比理性更早成为人类生存的基石。它根植于古老的爬行脑，是我们感知危机的"雷达"：恐惧是大脑对危险的预警；厌恶是身体对有害物质的排斥；愤怒是边界被侵犯的警报；悲伤则是需求未被满足的提醒。每种情绪都在用独特的方式守护着你，邀请你正视并及时调整。

我本人并不是一个容易被焦虑、悲伤困扰的人，但偶尔这些情绪也会找上门来，就像它们会光顾每个人一样。当焦虑来临时，我能够感知到它的存在，因为我的脾气会变得急躁，注意力难以集中。虽然我的心跳没有加速，没有气短或出汗的症状，但我确实感到内心不够平静，头脑也很混乱。这时，我会提醒自己："冷静点，别失控。"这样做是为了让自己更有勇气说"不"，适时放弃那些无法满足的需求，从而为自己赢得更多的恢复和调整时间。

我曾在一次培训中遇到过一件令人难过的事。当时，参与培训的小组之中存在内部矛盾，大家讨论的音量逐渐升高，其中一个老板开始对他的员工大喊大叫，甚至冲我发火。这个老板的行为让我产生了极为强烈的悲伤情绪。这股悲伤的情绪促使我开始反思，让我意识到有人已经触碰到我的忍耐底线，这是我绝对不能容忍的。于是，在下次培训之前，我主动找他进行了交谈。我礼貌又巧妙地告诉他，我不希望在我的工作室里听到他对员工大声斥责，也不希望他对我恶语相向，即便他的坏脾气并非直接针对我。

我必须承认，我由衷地感激自己的情绪，因为它们就像警示灯，让我在人生的旅途中能够及时发现问题并加以纠正。得益于这些及时地调整，我的负面情绪从不会失控蔓延，焦虑或悲伤总是适可而止。如果我选择忽视那些情绪，继续像陀螺般高速运转，对一切逆来顺受，不给自己留出喘息空间，那么事情的走向可能会截然不同——我可能会患上高血压，夜不能寐，咖啡越喝越多，脾气变得像火药桶一样，一点就着。在那种情况下，我可能会对着那个老板大喊大叫，让整个局面彻底失控。不仅如此，在之后给他们培训的日子里，我会敷衍了事，彻底失去传授心理知识的乐趣。所以，我要感谢自己的焦虑和悲伤，是它们促使我及时转向了正确的方向，而在这之后，周围的一切才开始朝着更好的方向发展。

若想改善处境、从情绪中得到成长，我们必须保持敏锐的觉察力，学会聆听情绪传递的信息，扪心自问：它们试图告诉我什么？

练习

　　制作一块情绪展示板，将你经历过的和你知道的所有情绪都呈现出来，并为它们添加相应的信息。你可以给它们起个正式名称或绰号，然后用不同的形状、色彩来区别它们。例如："这是我的'失望'，绰号'迷雾'，因为它时常让我的生活陷入迷茫。"你还可以在每种情绪旁边记录下与之相关的趣事，比如这种情绪陪伴了你多久，你是如何渡过难关的……总之，内容完全由你来决定。

　　制作这样一块既有趣又信息丰富的情绪展示板，可以帮助你更好地认识自己的情绪库，因为它是属于你个人的"情绪百科全书"。这个练习的目的不是让你沉溺于悲伤，也不是培养怨天尤人的受害者心态，而是要与情绪玩游戏。游戏本身充满乐趣，通过这种轻松的方式，能帮助你卸下负面情绪的沉重包袱。更有趣的是，当你记录每种情绪的故事时，你会发现自己与情绪的关系会随着年龄和经历在悄然变化。等过段时间再回顾，那些曾让你纠结的情绪早已被封存，变得不值一提，你会

惊讶于自己过去的反应竟如此有趣。

记住，情绪展示板上可以容纳所有感受：既有带来幸福感的，也有造成痛苦的；既有不安、愤怒、悲伤，也有纯粹的快乐……

培养我们对情绪的反应能力

有些人是"情绪文盲"，因为恐惧、无知或是受到某种文化观念（如"哭泣是女孩的专利"或"犹豫不决是弱者的标志"）的影响，他们很少主动表达自己的真实感受，也从未深入探究过自己的内心世界。没有什么比掩饰或否认自己的感受更能阻碍个人成长了，这么做不但会让我们失去人性的温度，还会阻止我们变得成熟。情绪为我们提供重要信息，帮助我们做出反应和决定。也就是说，它们的作用不仅仅是传递信息，还能激发行动。如果你总是忽视、拒绝它们，或把它们当成敌人，你就无法有效地处理自身的问题。

你有没有想过，如果人与人之间无法共情，如果你无法体会到身边人情绪上的微妙变化，那么人类社会的人际关系将会变成什么样子？也许在那样的世界里，人人都会变得冷酷无情且精于算计，不具备设身处地为他人着想的能力。这会导致人与人之间的关系极其疏远，更不会存在什么慷慨和承诺。

你难道没有意识到，在做决定时保持理性是一件多么困难的事情吗？我的许多患者在面临人生中的重要决定时，会选择向我求助："我要换工作吗？""我应该参加西班牙足球甲级联赛，还是出国踢球赚更多的钱？""你了解我的感情经历，你认为我应该分手吗？问题是我也不确定自己是否还爱他。""虽然我真的很害怕坐飞机，可还是想去旅行。我应该去吗？"我无法为我的患者做决定，但我可以告诉他们的是，理性并不总能帮我们顺利地做出决定，因为情绪也会介入，有时甚至先于理性。许多人努力从短期、中期和长期等多个角度权衡利弊，想要得出理性的解决方案，可即使是这样，他们还是无法看清一切。尽管这种操作看起来很容易、合理且符合常识，但当患者将所有内容记录在纸上并进行评估时，并不一定能得到有效的帮助。他们会突然发现："是啊，纸上列得很清楚，这样做对我来说很合适，可是……直觉却告诉我不要那样做。"有时，判断能力、分析能力、责任感等所有理性的东西都到位了，可你还是不知道该怎么做决定。因为在心说了算的地方，别的都得靠边站。理性的对面是强大无比的情绪。于是，我们经常明知可能会犯错，还是要冒险赌上一把。一味给理性让路，做最"合适"的选择，往往会让生活陷入毫无意义的泥潭。另外，在这个过程中，直觉也会介入。总之，有太多的变量共同参与作用，而且我们很难量化它们各自的作用到底有多大。它们与其他感觉（包括激情和欲望）联系在一起，让我们没有办法做出准确的衡量。

情绪和直觉都会影响我们的决策。直觉颇具争议，因为它不基于逻辑推理，而人类似乎总在寻求理性、经得起验证且实证充分的依据，以确保做出决策时不会出错。直觉是很难被定义的，它是一种闪现的预感，好像在某件事发生之前，我们就已经知道事情的走向了，可是这种预感是毫无根据的。西班牙皇家语言学院将"直觉"一词定义为"无须推理即可在瞬间理解事物的能力"。其实，直觉和情绪一样，都是我们智慧的一部分。

那么，在这种情况下，我们该如何行动呢？要不要听从直觉？如果酿成大祸怎么办？如果想在做决策时听从直觉的呼唤，你就得衡量风险。你能接受可能出现的风险吗？除了你自己，没有人能回答这个问题。不要想着让心理学家为你做决定。做决定的只能是你自己，而且你要对自己的决定负责，无论之后的结果是好是坏。

事实上，直觉常常会引导你走上正确的道路，让你过上更加满意的生活。笛卡尔说过："我思故我在。"我想他没有明确提及的是："我思考，我推理，然后我才得出了正确答案。"我们不能抛弃自己的推理能力，但同时也不能抛弃直觉和情绪。

从现在开始，不要再想着完全消除焦虑、恐惧和羞耻等负面情绪，你需要做的是接受它们存在于你的生命中的这一事实。我建议你尝试与它们对话，因为它们正在向你传达某些信息，而你要解析这些信息并合理地表达出来。我们完全可以在平静中管理焦虑。这看似矛盾，对吗？同样，我们也可以通过非暴力手段来表达愤怒。问题是，我们早已习惯将某些情绪与行为绑定，认定它们是不可分割的。你应该认识到，情绪和行为是可以分开的。你可以带着不安去面试，但请尽量表现出自信，哪怕只是模仿自信者的举止；你可以带着恐惧飞行，但试着在飞行中用冥想、追剧、阅读等方式来分散注意力；你可以在公开演讲前感到焦虑，但若你做好准备，用积极的话语鼓励自己，并预演成功场景，你定能达成所愿。那些你脑子里想到的可怕场景，并不会发生。所以，就让情绪自然流露，不要让它限制你。不妨这样对情绪说："欢迎啊，焦虑，看来你在呢，早餐吃饱没？我们马上要开个棘手的小组会议，我可不想你晕倒。振作点，咱们出发了。保持安静，会后再聊。"瞧，当你决定做乐团的指挥者而不是演奏者时，管理情绪竟可以如此简单。允许各种情绪的存在，但别让它们主导你。指挥棒要牢牢掌握在你自己的手中。

不要试图拿情绪当挡箭牌来为自己辩护。有些人总是满怀激情地坚持己见，但实际上"激情"只是个幌子，极端主义才是他们的真面目。这两者截然不同。虽然情绪本身确实没有好坏之分，但有的情绪可能会引发不良后果。比如：愤怒会让你大喊大叫；恐惧会让你选择逃避，错失机会；悲伤会让你萎靡不振，不愿参与社交活动；失望会让你放弃尝试；焦虑会让你仓促行动，将自己置于险境；等等。你不必彻底消除情绪，但必须针对每种情况寻找有效的应对策略。我们对情绪的反应是可以培养的，所以多做相关练习是非常重要的。

练 习

　　我们在这里要做的，就是接纳各种情绪，为它们命名，然后暂时放下它们。你甚至可以观察你的各种情绪，看看它们是如何在你的身体中表现出来的，与它们互动，给它们配上合适的颜色，留意它们会影响身体里的哪些器官。为情绪腾出空间，意味着不再将它们视为敌人。你也可以做出选择：是继续观察它们，还是做点别的事情来转移注意力。

　　想象一下，你现在很焦虑。你已经观察到了你的焦虑情绪，而且认定它是红色的，位于你的胃部。你已经和它交流过了，告诉它要冷静，而且它想待多久就待多久。好了，现在你可以平静地面对自己的焦虑了。接下来是做出决定的一步：是继续关注它，还是出去散散步、做做深呼吸、看看书、把那封棘手的电子邮件写完，或者干脆什么也不做。

　　不要再把情绪和行为直接联系在一起了。你要明白：情绪一直存在，它是自然的、生物性的，蕴含着丰富的信息，但决定如何行动的人是你。缺乏安全感，让你想吃东西，那就喝杯绿茶、吃个苹果来放松一下；如果你在公共场合演讲时感到焦虑，那就在开始前看一段搞笑视频，大笑一场。

情绪研究领域的杰出专家的安东尼奥·达马西奥认为，躯体标记会影响我们的决策过程，原因在于我们过去感受到的情绪会在某种程度上塑造我们的行为模式。如果你在上一段恋爱中遭遇对方出轨，那么你对爱情的态度就会更悲观，因为那段经历给你带来了深刻的痛苦。不过，躯体标记也能发挥积极作用。比如，如果你在某场比赛中荣获"最佳球员"称号，那么再次面对上回的对手时，你可能会更加期待与之较量。因此，问题在于，你是想继续让这些已有的标记引导你的行为，还是决定摆脱它们，开始塑造全新的标记呢？这个决定权完全掌握在你手中。

18

拿下"胜利证书"

> 荣耀的意义在于获得快乐，而不是赢得胜利。荣耀意味着
> 享受训练，享受每一天，享受努力工作的过程。荣耀还意
> 味着不断超越自己，成为比之前更加优秀的运动员。
> ——拉斐尔·纳达尔[1]

> 求胜的决心很重要，但好好备战的决心才是重中之重。
> ——乔·帕特诺[2]

拥有"胜利证书"意味着你配得上胜利这份荣耀。很多人
在过程中非常努力，然而，在即将触及荣耀的那一刻，压力却
猛然向他们袭来。当他们预见到自己站在荣耀的巅峰，即将
成为伟大的胜利者时，这种想象反而激发了他们的焦虑和恐
惧，导致他们在关键时刻停滞不前，甚至退缩，最终落败。因
此，明白这一点至关重要：你可以被击败，但绝不能主动缴械。
绝不能让任何人阻挡你前进的脚步——这句话是我的座右铭
之一。

---

[1] 拉斐尔·纳达尔：西班牙著名网球运动员。
[2] 乔·帕特诺：美式足球界的传奇教练。

关于胜利的定义

什么是"胜利"？在体育活动或其他领域中，我们常常将"胜利"与"结果"挂钩。进球得分是胜利，战胜癌症是胜利，选举中票数领先也是胜利。在这种情况下，胜利更多地依赖于对手失误、医疗行业的发展等因素，甚至运气。西班牙皇家语言学院对胜利的定义之一是："在游戏、战斗、对抗、诉讼等过程中，获得双方争夺的目标。"对运动员或心怀抱负的人来说，这种胜利是他们梦寐以求的，却是我最不喜欢的。对前锋而言，胜利意味着进球；对病人而言，胜利是康复、重归正常生活并保持健康；对应聘者而言，胜利是拿下职位；对家庭主妇而言，胜利是获得家人的关爱，或是精心烹饪的菜肴得到认可。刚刚列举的这些例子，胜利在很大程度上取决于第三方。因此，我们有必要看一下西班牙皇家语言学院从其他视角诠释的胜利：

- 取得或获得某样东西，如荣誉、恩惠、爱好、风度等。
- 前进，向某个目标靠近。
- 提升、进步，日益精进。

在这三种定义中，胜利与我们自身的联系更紧密，它并非等同于通过测试，也不关乎战胜他人——因为我们真正的竞争对手只有自己。在这里，胜利意味着超越自我：当你打破个人纪录、进球次数更多时，你便胜利了；当你在病痛中依然保持乐观时，你便胜利了；当你在面试中能够清晰、积极、礼貌、热情地表达观点时，你便胜利了。当你实现了以自身能力为标准制定的目标时，便是胜利。胜利必须基于你能掌控的因素来定义，因为你的目标不是单纯取胜，而是把事情做好。若从自我突破和掌控力的维度重新定义胜利，我们将获得双重优势：

（1）即便最终未能获得理想的结果，也不会产生强烈的挫败感。真正的收获不在于终点的奖杯，而在于你每日向目标靠近的点滴积累，在于那些应当被郑重收藏进人生行囊的经验与成长。

（2）主动对过程负责。当胜利的定义权掌握在自己手中时，我们往往会充满安全感和掌控感，也能灵活调整行动。比如，你可以随时修改训练计划，专门练习面试要用的社交技巧，或者用健康饮食和运动来配合治疗。这些日常小事里，处处都有胜利的闪光点。享受过程和提升本事才是终极目标，至于最终结果，不过是持续正确行动的必然产物。

围绕前面的三个定义，我们发现，为了获得胜利必须具备必胜的信念、激情，以及为目标冒险的勇气等。那么，如何才能拿下"胜利证书"？

拥有必胜的信念

"我值得拥有胜利，我已经为战斗倾尽全力。我渴望一切，因为我配得上那个奖项、那个职位。我已经做好了准备，参加了所有培训，完成了所有训练，我坚信这是属于我的时刻！"怀疑会削弱你的信念，让你觉得别人比你准备得更充分，而你只是去充当一个不起眼的角色。怀疑会驱使你拿自己与他人做比较，而且这个比较不是为了确认自己的优势，而是为了印证这样的想法："他比我更强，这个赛季他的表现更出色。""看看人家身上的西装，多有档次，我在他旁边黯然失色。面试官肯定会更多地关注他。"但你要明白，你肯定有自己的魅力。你必须坚定地相信自己，才有可能获胜。

满怀激情

如果你不热爱自己目前在做的事情，那么又怎能全身心投入呢？无法全身心投入，又怎能赢得胜利呢？为了激发激情，你需要关注的是所做之事中那些能吸引你的要素，而不是那些阻碍你实现目标的干扰项。没有任何一场比赛能完全符合你的期望，没有任何一次面试是完美无瑕的，也没有任何一份工作是毫无缺点的。所有事情都能让你完全满意吗？那是不可能的。

如果你可以自主选择在哪个领域深耕，那就选择你热爱的事情吧。如果现实不允许你选择自己热爱的事情，那你就试着从不得不做的事情中寻找那些比较有吸引力的部分吧。例如，减肥看起来不是一件多么吸引人的事情，因为你不得不放弃很多美食，但这也意味着你可以学习制作新的健康食谱了，这难道不令人兴奋吗？随着你的体重一点点减轻，胜利正向你缓缓走来，你也会逐渐感到兴奋，因为你能够穿上更小一码的衣服，看上去更加健康和精神了。

生活就是一个不断做决定并不断经历失败与胜利的过程。重要的是,别忘了你是一名玩家。若不参与,就什么也不会发生。你可以为自己构思一个充满野心的口号,例如:"我为胜利而来,无胜利则无归途。"记住,想要获胜,就必须全力以赴。就这么简单。没有人能够一蹴而就,我们需要做好准备,为的是在时机成熟时,能够立刻投入战斗。

做好自己能掌控的部分

知道一切可控因素都在自己的掌控之中,这会给你带来信心。为此,我们需要将掌控的过程分为"事前""事中"和"事后"三个阶段。

"事前"与实现目标之前的活动相关,比如体能训练、技能学习等准备工作。你要为实现目标全力以赴。我想提醒你的是,这些投入本身就是胜利的重要组成部分。

"事中"的成败取决于你如何在竞争、面试、客户谈判、考试等场景中管理情绪,也取决于你在那一刻关注的焦点——你是专注于当下、享受此刻,还是纠结于犯的小错误?你可以反复懊恼自己传丢了一个球,也可以专注思考如何在下一回合赢回来;你可以担心时间紧迫,还剩50道题没答完,也可以集中精力答好当前这道题。

"事后"复盘则关乎如何审视自己的表现。用残酷的自我批判反复咀嚼过去的面试或比赛,只会让你深陷痛苦。关于刚刚过去的面试或比赛，你学到了什么？你要做的是冷静地提取有用信息，为下次改进积累经验，仅此而已。同时，请充分认可那些让你自豪的瞬间，把这些经验带到下一次机会中。比赛结束后，你可以问自己这样一个问题："我是输给了对手，还是被自己打败了？"然后想办法强化自己的优势，这样下次你就能超越自己了。

学会自我管理

为了有充足的时间做准备，自我管理的能力是至关重要的。很多人胸有大志，最终却一事无成。横亘在欲望和成就之间的是行动。想要促成行动需要满足很多条件：你得有时间，还得知道怎么做、什么时候做，以及在什么地方做。如果你没有为改变腾出时间、空间，如果你没有把想做的事情当作优先事项来对待，那么你就不可能获胜。其实我们每个人都有可能获得胜利，但只有很少一部分人会在争取胜利的过程中投入大量的时间和精力，心无旁骛、全力以赴。

自律

自律是获胜的关键。每当被人问及"你认为自己是怎样的一个人"时，我喜欢的形容词之一就是"自律"。自律意味着我生活有规律，清楚做什么对自己的健康有益；意味着我深知要成功，就必须付出努力。事实上，我确实非常努力。我愿意舍弃一些短暂的欢愉，比如不吃垃圾食品，改掉赖床的坏习惯。自律让我的行事更有分寸，也让我能够以平和的心态享受一切。

如果你是一个生活混乱、无序的人，总是抱着"过一天算一天"的心态，并且已经发现这种做法让你难以达成目标，请不要轻言放弃。只要你下定决心想要改变，那么任何时候都是最佳时机。从一件你想要突破自我的小事入手，让自律自然而然地融入你的日常生活，同时放弃一些原有的坏习惯。一旦决定了，你就不要犹豫，立即行动起来并坚持下去，直到自律融入你的生活。如果你总是想"算了，明天再说吧"，你将永远无法迈出那关键的第一步。

坚持下去，积极应对挫折

在实现目标的道路上，你可能会遭遇严峻的考验，可能会感到筋疲力尽，但无论如何都不要放弃。坚持下去，一步接一步地前进，直到终场的哨声响起，胜利才会属于你。要想坚持下去，你必须学会应对失败带来的挫败感。

想要改变，一开始并不难。我猜，一到周一你就立志节食，很快，到了周三你的意志力就耗尽了。在这个过程中你会遭遇像动力不足、失望等负面情绪，因为体重秤上的数字迟迟没有达到预期。正是这些情绪让你倍感挫败，与其多坚持片刻，你更想让自己好受一些，于是，计划宣告破产。伴随而来的，是你给自己贴的负面标签："我不行，我没有毅力，我根本不够自律，我就是做不到。"每一次失败都在滋养你的绝望，加剧你的挫败感，导致你迟迟不敢再次尝试。

别苛责自己，这真的没什么。想要成功，就得做好多次失败的准备。如果你选择持续成长，就要一辈子与失败共处。记住，胜利不是"非此即彼"的孤注一掷，而是像爬楼梯般逐步靠近目标。

预判并消除潜在障碍

想要稳操胜券，就得提前预判可能发生的障碍。有些人抗拒思考潜在的问题，我个人也不主张过度聚焦于负面因素。不过，这里的"预判"截然不同——它提醒我们为潜在障碍提前准备解决方案。比如，我们可以问自己："对手可能会采取哪种策略？""我容易犯哪些错误？""什么情况会让我焦虑、失控？""面试官可能会提出哪些问题？"

当然，我们无法预判一切。生活中总有不可控的因素，竞争对手、面试官、客户乃至兴趣爱好都自带不可预测性。这种不确定性恰恰要求我们保持高度警觉，随时应对当下的突发状况。

经验是宝贵的财富。在多次参与之后，你或许早已发现：当比赛进行到约 70 分钟时，你会体力不支；遇到双重否定问题你总会理解偏差；当客户变得咄咄逼人时，你就容易失去耐心，只想快速结束谈判。这些正是你需要预演的障碍场景，而更重要的是思考解决方案：你该如何应对？怎样调整反应模式？

不必追求预判所有细节。只需锁定计划中三个最关键的风险点，找到应对方案。过度控制只会适得其反——那些试图掌控一切的人，最终会变得偏执和焦虑，既享受不到过程中的乐趣，又会因过度僵化而错失机遇。

想要拿下"胜利证书"，骨子里必须刻着竞技本能，这需要用激情浇灌、用专注耕耘来支撑。真正的强者从来不找借口，面对障碍时只有两种选择：要么全力突破，要么果断绕行。

若渴望胜利，请将能量聚焦在核心环节：清晰规划目标；永葆憧憬、热忱与冲劲；持续精进技能；不断突破自我边界；提高抗压能力，在每次跌倒后更快速地站起来；用汗水浇灌理想；保持决策的果断与行动力。当你行动永不停歇，成为自己梦想的主宰者时，这才是真正的胜利，是对自我极限的征服。正如亚里士多德所言："我认为征服欲望的人比征服敌人更勇敢，因为最艰难的战役永远是战胜自己。"

19

选离"有毒"之人

> 我们常常允许爱说八卦的人、爱嫉妒的人、专断独行的人、
> 心理变态的人、傲慢的人、平庸的人进入我们的亲密圈子。
> 他们总是不断地对我们的言行发表"高见",在我看来,他
> 们是"有毒"的人。
>
> ——贝尔纳多·史达马提亚斯[①]

我在西班牙的《国家报周刊》上发表的一篇关于"有毒之
人"的文章,是我所有文章中分享和阅读次数最多的。读者是
我衡量文章受欢迎程度的晴雨表。在我看来,他们愿意阅读这
篇文章,就是在告诉我,他们对我写的内容有共鸣,能够很好
地理解我在说什么,并且他们周围肯定就有这样的人存在。糟
糕的是,"有毒"的人通常不会读到我的文章,更不会认同我
的观点。那么,"有毒"的人究竟是什么样的呢?"有毒"的
人会向你传播消极的东西,比如负能量、愤怒、急躁、怨恨、
沮丧、流言蜚语和批评,他们会让你相信世界是一个充满敌意

---

① 贝尔纳多·史达马提亚斯:阿根廷畅销书《毒型人物:毁掉你美好人生的
13 种人际毒害》的作者。

的地方。他们会信誓旦旦地告诉你：别人都是威胁，你必须保护好自己；如果你不按照他们说的做，你会很痛苦。他们说"爱意味着控制和占有"。长期和这些人在一起，你会发现，自己的人生在一点点地被他们浪费掉，你会不由自主地被他们影响，做决定时依据的不再是自己的价值观而是他们传递给自己的情绪，而且你会感到越来越不快乐。

不管怎么说，人在一生中总会遇到一些不幸。如果你将自己的不幸归咎于这些"有毒"的人，那么你就有可能变成他们中的一员。靠自己的核心在于培养责任感，我们必须清醒地认识到，我们可以掌控自己的情绪，如何感受都取决于我们自己。接下来，我会给出一些建议，帮助你识别那些"有毒"的人，并告诉你在那种情况下应该采取哪些行动。

许多走进咨询室的人对我说："我感到莫名悲伤，却找不到具体原因。"但只要谈话稍微深入一些，我就会发现，他们身边的人际关系早已失衡。在健康的共生关系中，双方可以形成能量流动，彼此滋养；在可怕的寄生关系中，对方就像吸血藤蔓一样不断吸取你的生命力，直到你精神枯竭、失去自我。

有些"病毒"很容易被识别，有些则伪装得很好，很难被发现。"有毒"的人披着爱和保护的外衣，让你分辨不清自己的感情。你无法改变他们，除非他们自己明确表示想改变，并且请求你帮助他们——但你可以决定与哪些人交往。选择能滋养自己的人交往是成熟、自尊和自爱的表现。真正的社交养分提供者，不一定是帮助你飞黄腾达的人，而是与你的核心价值观高度契合的伙伴，他最好是一个慷慨、乐于助人、对人充满善意的人。唯有在这样的关系中，你才能舒展真实的自我。

要精准识别潜在的情绪污染源，需要警惕这些"病毒携带者"：控制狂、操纵者、独裁者、见不得别人好的人、负能量发射机、口无遮拦的人，以及职场血吸虫。

控制狂

控制狂是这样一类人：总是试图掌控你，事事都想为你做选择——从吃什么、穿什么，到应该和哪些人一起玩，再到如何做事。他们想要控制一切，除了自己的生活和工作，还要控制身边的人。

控制狂会想知道你周末的安排，以便为你制订计划。他们会对你的穿着指手画脚，强行推销他们的饮食和运动方式，因为他们认为这是最健康的。他们难以理解你为何不认同他们的价值观和原则。控制狂类型的母亲习惯每天给你打多次电话，无论你是否结婚、工作是否繁忙，因为她需要随时了解你的动向。如果你对她不够热情，她可能会感到紧张，认为你出了问题，甚至对你进行情感勒索，指责你说："除了我之外，你跟谁都有时间聊。"

控制狂的代表通常是父母或伴侣。他们认为既然自己是你的亲人或爱人，就有权了解你的一切，有权替你做决定，也不需要事先与你商量，因为他们自认为知道什么对你最好。

★建议

不要轻易妥协。一旦轻易妥协，情况可能会愈演愈烈。在夫妻关系中，为了和睦共处，你可能需要做出一些让步，但不能违背自己的价值观。如果你认为自己的穿着很合适，那么在伴侣建议你换衣服时，你可以坚定地拒绝。一句简单的"谢谢你，亲爱的，我很感激你的建议，但我喜欢我现在的穿着"就足够了。

操纵者

操纵者喜欢告诉你你必须做什么、穿什么，还会拿你和你的朋友或兄弟姐妹做比较。如果你没有按照他们的建议去做，他们就会故意摆出一副臭脸。如果你不顺从他们的意愿，他们就会拒绝帮助你。这些人往往是不得志的父母，他们没能过上自己想要的生活，于是试图通过子女来实现自己的愿望。他们把自己的欲望、挫折，以及那种建立在操纵基础上的错误教育模式统统强加给子女，即便他们清楚自己也曾深受其害。

操纵者最喜欢说的一句话是"到时候你就知道了"，还有一句更典型的："随你的便吧！"这些话并不是想激发你的责任感和自主性，而是在威胁和指责你。如果你像操纵者所预判的那样失败了，他们就会添上一句"经典台词"："早就告诉过你了。"

操纵者坚称他们这样做是为了你好，但这个"好"是从他们的价值观出发得来的，实际上服务于他们自己的情感需求。如果你不按照他们所说的去做,他们会连续好几天不和你说话,向你展示他们的愤怒,用这种方式威胁你,就好像你欠了他们什么一样。除了他们自己提出的方案外,他们不接受其他选项。他们会尽一切可能向你证明你的想法有无数弊端,而他们的提议全是好处。

操纵者的群体中,成分十分复杂,他们可能是我们的父母、伴侣、儿女、同事、老板或朋友。

• 操纵型伴侣:他想要控制你的思想、情感或行为,以满足自己的需求或达到自己的目的,即使这会牺牲你的个人空间和降低你的幸福感。

• 操纵型孩子:他会通过撒谎、发脾气等手段,达到自己的目的。比如当他出去玩时,他会以朋友晚到为借口,要求你将门禁时间延后。

• 操纵型同事:他像披着羊皮的狼一样,擅长打感情牌,对你表现出过分的赞扬和善意,实则只是为了从你那里获取他想要的东西。

• 操纵型老板:他看似非常关心你的职业发展,经常给你安排一些超出职责范围的任务,并用美好的愿景来激励你。他会承诺,只要你多干活、表现出色,就会有升职加薪的机会，然而你付出了很多努力，却没有得到应有的回报。

• 操纵型朋友：他总是试图说服你，让你陪他做他感兴趣而你完全不感兴趣的事情。他可能会用情感操控的手段迫使你妥协。与这样的朋友相处，你可能会感到压力重重，失去了自己的选择权和自主性。

★ 建议

认真倾听他们的要求，仔细分析建议的合理性，但最终决定权要掌握在自己手中。毕竟，你的人生是你自己过的，无论成败都要自己承担。如果在宗教信仰、交友选择、职业规划这些重要问题上被别人左右，当结果不符合你的期待时，你会陷入长久的痛苦。

不要为了取悦他人而活，他们满意了不代表你就会幸福。人生本就有风险、有失败，但也有荣耀时刻。用别人的方式去过你自己的生活，无疑是在拿自己的幸福冒险。

当然，我不是要你全盘拒绝建议，很多时候别人的意见确实有用，但决策权必须在你手中。这样，当结果不如意时，你也不会把责任推给别人，不会说"我现在这么惨都是你们逼的"。

独裁者

在这个群体中，你主要会遇到两类人：一类是知道你必须依赖他们的人——老板；一类是你无条件爱着的人——孩子。这些人更容易被纵容成独裁者，是因为你自认为除了回应他们的要求或爱他们之外，别无选择。

- 独裁型老板毫无契约精神，你的用餐时间、休息时间都可以被随意侵占。这种类型的老板多是工作狂，他几乎没有家庭生活可言。他希望你也像他们一样全身心地投入工作。你必须随时待命，无条件配合他的工作节奏。他深知你依赖薪水生活，因此认定你不敢反抗。

- 独裁型孩子不把你为他做的事情放在眼里，认为你的付出是理所当然的，还总是想要更多。他要求的往往不是更多的陪伴，而是更多的衣服、电子产品、零花钱，以及所有你能给予的东西。他永远都在索取，而你因为你爱他，不想让他失望，最终就会陷入他的"暴政"之中。他自视为家里的主人，只会伸手索取却从不付出——他们很少表达爱意和善意，也没有合作精神。在他们扭曲的认知里，无条件的爱是单向的，只能由父母流向孩子。我在心理咨询中亲耳听过有孩子这样说："你们当初就不该生我。"

★建议

必须设立双方相处的界限，并且始终如一地坚守。用礼貌而冷静的方式表达：哪些事不公平，哪些不是你的责任，哪些事没有商量的余地。若试图用共情或讲道理让他们理解你的痛苦，多数情况下他们根本不在乎——他们只听得懂自己的语言，而非你的。

我知道在职场中这更难，因为你依赖这份工作。若没有工会或其他组织为你撑腰，请立刻开始寻找新工作，尽早脱身。独裁型老板最擅长的就是消耗他人，而你的时间、情感和尊严，都不该被如此挥霍。

见不得别人好的人

有些人看到你能幸福、平静地享受生活，心里就觉得不痛快。他们因为自己的生活过得痛苦，所以内心充满怨恨，想让所有人都感受同样的负面情绪。这类人往往出现在同事和前任中。

他们的做事逻辑就是"为了破坏而破坏"。他们的嫉妒、怨恨、愤怒或沮丧并不能通过寻求心理帮助、参加运动或找朋友倾诉来缓解。只有在给你添堵时，他们才能获得些许安慰。他们明知道你冷，却故意把空调调到最大；在办理交接手续时，他们故意隐瞒其中的信息；你要找他们谈事情时，他们却找各种理由拒绝……仁慈、宽容和善良在他们身上完全找不到踪影。

★建议

别中了他们的圈套，他们正迫不及待地想看你抓狂的样子。对你而言，最好的武器就是适度的冷漠，但也不要因为逃避沟通而放弃正当权益或做出让步。无论他们是否接受，你都要清晰地表达自己的立场并设立边界，同时始终保持友好而坚定的态度。尽量通过邮件或即时消息留下书面记录，确保有迹可循。和这样的人打交道可得多加小心，因为他们很容易出尔反尔，言而无信。

负能量发射机

朋友、家人、同事、孩子、合作伙伴、商店老板、卖彩票的人……他们都有可能成为负能量发射机。这个群体的优点是他们通常没什么恶意——这实在是谢天谢地！但他们会影响你的心情。一开始你很期待和他们见面，满怀热情地想要和他们交流、分享，但会面结束时，你却恨不得跳窗逃走。他们张口闭口全是自己的生活多么不顺，遇到了哪些问题，痛苦是如何挥之不去……他们就像一台负能量发射机。

他们的消极情绪太多了，最终难免会躯体化，精神上也始终逃离不了悲伤、焦虑、恐惧——这当然也是他们始终在聊的话题。这其实很好理解，他们总是关注不顺的事，于是大脑就会主动接收这些信号，长此以往，神经系统就容易出现问题。

与这类人相处最困难的部分在于需要持续"拉扯"。你必须不断地拖拽着他们前行，因为他们的幸福感完全建立在外界条件之上：要求工作环境尽善尽美，伴侣必须全天候关注自己，试图控制所有变量来消除生命本应有的不确定性。他们在思考解救方案之前，早已习惯将难题抛给他人解决，而你被迫承担起了本该由他们自己承担的人生责任。

★建议

不要强化他们的消极情绪，不要过度关注、倾听和认同他们的观点。要引导他们多谈解决方案而非问题，鼓励他们学会看到生活中积极、幽默和美好的一面。他们之所以看不到这些，是因为从未接受过相关训练，长时间沉浸在消极情绪中。他们需要学会做出决定并付诸行动，而不是等待别人来拯救自己。

当他们又在讲述自己的"灾难"时，你可以直接打断："听这么多负面言论让我很不舒服。"而当他们谈论积极的事情时，你要立刻给予关注。用实际行动教会他们，只谈论生活中积极的一面。

口无遮拦的人

这个群体的特征是：无论如何，他们必须把脑子里想的东西告诉你，而不管会不会冒犯到你。"听着，我要对你说实话"，如果你听到这句话，就赶快让自己进入防御状态，因为无论你想不想听，他们都会像机关枪一样扫射出一些伤害你的话。他们想到什么就说什么，根本不征求任何人的意见。然而，他们常常打着真诚的旗号，去冒犯、羞辱和嘲笑他人。

口无遮拦的人似乎对自己所处的每一段关系都抱有极大的"信任"，尽管这种"信任"可能并不是相互的。比如，你正坐在自家院子里惬意地晒着太阳，邻居却把身子伸出窗户，对着你高喊："你丈夫回家也太晚了！要是我家那位敢这样，两天之内老娘就把锁换了，你信不信？"接着，她还会继续聊其他话题，就好像刚刚和你说的是"你女儿长这么高啦，女大十八变，越变越好看了"这样再平常不过的话。

口无遮拦的根源在于没有安装"心理过滤器"。大脑的"反思系统"会提醒我们哪些话能说、哪些不能，不是所有想法都适合公之于众。在说话之前，我们必须分析自己的言语将会带来什么后果，如何恰当地把所思所想表达出来；更要清醒地认识到，特定的情绪状态（比如愤怒），绝非口无遮拦的许可证。

★建议

遇到不尊重你的人，要及时制止他。别让他冲你发泄，你不是他的情绪垃圾桶。你可以这样说："你有意识到，你和我说话的方式很冒犯吗？""你有意识到你在对我大喊大叫吗？"
"我想你一定很生气，等你平静下来我们再谈。""你确定我想
听你的建议吗？"

当然，身边的人可以向你表达他们真实的想法，但要以正
确、不冒犯的方式。遇到这种人，要让他们学会尊重你。如果
你不这样做，他们就不会尊重你。他们当然愿意躺在自己的舒
适区里和你说话——对他们来说这再简单不过了，但这意味着
他们更容易口无遮拦，说出极具冒犯性的话。如果你提醒了他
们，他们却不知悔改，那就跟他们说"我可不奉陪了"，然后
起身就走。别给他们羞辱你的机会。

职场血吸虫

我们经常在职场上见到这一类人，他们是剽窃的高手。他
们窃取你的荣誉，堂而皇之地抄袭你的创意却从不注明来源，
甚至将你的劳动成果据为己有。在社交媒体时代，这种现象愈
演愈烈——我曾目睹自己精心撰写的帖子被他人原封不动地搬
运，却都打着"匿名"的标签。

他们就像血吸虫一样盗取你的才华。他们时刻盼着你跌倒，
以便能顶替你，因为他们在文凭、经验、人格魅力、工作能力、
创造力等各个方面都不如你。他们无力通过正当竞争超越你。
因此，唯有制造你的失误、诋毁你的声誉、限制你的发展、实
施职场霸凌，或是走歪门邪道，才能让他们在这场扭曲的竞赛

中获胜。

★建议

不要因为这个群体的存在而灰心丧气，毕竟还有很多像你一样货真价实、才华横溢的人。把别人想得太坏会让你时刻保持警惕，而这会让你无法享受原本美好的人际关系。

要学会推销自己，展示自己的工作成果，让别人知道谁才是真正做出成绩的人。这并不是要你整天吹嘘自己的优秀和成就，而是不要因过度的谦虚将自己隐藏起来。否则，别人本该用来赞美你的话，全都会落在那些剽窃者头上。

注意保护自己，远离一切威胁。这类人会影响你的身心健康。因此，你必须学会辨别这类人，然后采取适当的措施。多和欣赏你的人交往，因为他们能看到你的价值，他们是因为喜欢你、尊重你、钦佩你才留在你身边，而没有其他目的。让自己周围多一些欣赏你的人，他们的存在会让你更有自信。

20

最后，
选择"做自己的靠山"吧！

你不仅要对自己说过的话负责，还要对自己未说出口的话
负责。

——马丁·路德

你必须明白，你的人生由你自己负责。要知道，能带你抵达
梦想之地的人只能是你自己，别无他人。

——莱斯·布朗

面对自己行为产生的后果，试图逃避是不对且不道德的。

——莫汉达斯·卡拉姆昌德·甘地

　　我们已经来到这本书的最后一部分了。在这趟心灵之旅中，
我唯一的初衷就是唤醒你的好奇心，激发你主宰自己生活的欲
望，不让别人轻易地影响、决定或限制你的未来。你的人生属
于你自己，过去的人生同样如此。虽然过去的错误无法改正，
但前方的道路是可以选择的。对于你的未来规划、当下状态、

情绪管理、思想方向、职业发展，乃至人际关系的选择，只要你愿意，你随时都能主动调整，而且调整的节奏完全由你掌控。如果你能够做到这一点，你将能够减少内心冲突，实现自我和谐。渐渐地，你就能完全地主宰自己的生活了。还有什么事能比主导自己的生活更加美妙的呢？

此刻，选择权掌握在你手中。你可以选择自己做决定并承担相应的责任，主动照顾和提升自己，成为一个更加笃定、自信的人；你可以对自己周围的人进行筛选，选择过轻松愉悦的生活。你产生的每一个念头、迈出的每一步，都是在做出选择，而这些选择将决定你是受苦还是享福。你可以选择的比你想象的要多得多，但为此你必须学会不再依赖他人，不去过分在意外界的评价，也不要过分看重结果。你要明白，有些选择会带来失败和批评，而有些选择会带来掌声和自由。依靠自己，你就会深刻理解自己做决定的价值。要做到这一点，你并不需要一辆新车、一座豪宅、一双新鞋或一部新款手机，而只需要让自己的愿望、责任和价值观保持一致，达到内心的平衡。

每当你有需要时，你都可以捧起这本书来研究。在结束之前，我想给你留下 10 条建议。在我看来，如果每天都能够遵循这 10 条建议，你将更容易获得幸福。

培养心智

如今，我们被各式各样的电子设备所包围。巨大的等离子电视，仿佛将球场直接搬到了家中。除此之外，手机、平板电脑、智能手表、数码相机……这些设备无时无刻不在为我们服务，供我们娱乐消遣。它们能引发我们的欢笑，而且很少让人感到厌烦。然而，我们在使用这些设备时，基本上不需要过多动脑——除了一些益智类游戏之外。

大脑和身体的肌肉一样，也是需要锻炼的。科学研究表明，人具备终身学习的能力，而且我们对各种能力（包括记忆力、注意力、语言能力、社交能力、情绪控制能力、创造力）训练得越多，就越能促进神经系统的发育和构建。大脑训练得越多，就越活跃。想要拥有活跃且健康的大脑，最好的方法就是提前预防，不要等到记忆力开始衰退时才意识到锻炼大脑的重要性。多动动脑筋吧！每天抽出半个小时来训练大脑。少看会儿电视，少玩会儿手机，半个小时的时间自然就挤出来了。一方面做些能够激发大脑活力的事情，比如体育锻炼、阅读、学习新知识、做研究、玩填字游戏、写作、写思维导图、保持好奇心、与人互动和交流，以及保证充足的睡眠；另一方面，改掉容易导致大脑衰老的坏习惯，比如久坐不动、摄入过多糖分、喝酒、吸烟，以及不愿接受新事物。

为了训练大脑，你可以尝试以下改变：

（1）无论是逛超市、药店、五金店还是时装店，在结账前，请动动脑筋计算一下你到底应该付多少钱。

（2）不要吝啬开口说话，无论是面对收银员、出租车司机、水果摊贩还是理发师，多问他们一些问题，尝试与外界建立更多联系。与人交谈对大脑有很强的刺激作用。这里并不是让你唠叨个没完，只是进行简单的聊天而已。

（3）每天学习一些新东西，比如学一门新语言、读一本新书。为所学的内容列一个提纲，并用各种色彩和图标进行标记，这会让知识更容易留在你的记忆中。

（4）跳出常规的生活。尝试换条路去上班，换一种运动方式，选择一个你从未去过的国家或城市作为旅行目的地。

（5）重复。记忆的核心环节就是重复。如果不进行重复练习，就很难将一件事情牢记于心。你可以列一张购物清单，多读几遍，争取将其记在脑子里。在购物过程中试着不去看清单，最后再拿出来核对一下。

（6）用你不常用的那只手做事，比如刷牙、梳头、洗澡、吃饭、喝水、遛狗。

（7）哼唱老歌。如果发现有些歌词记不清了，就去网上查一下，然后再学一遍。好好享受这个自我陶醉的时刻吧！

（8）每天讲一个笑话、背诵一首诗或讲一个小故事。试着发挥创造力，用自己的风格去讲述这些内容。

（9）玩拼图、数独、单词接龙等益智类游戏，或者和朋友一起打牌。

多做运动

心情不好的时候，让自己运动起来。这应该被视为一条重要的建议。因为我总是对我的患者们说，如果他们能增加运动量，就不必如此频繁地来见我了。运动的好处不胜枚举，我至今不解为何体育不能像数学或语文那样成为所有学校的核心课程。只要以健康、合理的方式进行锻炼，运动就会带来积极的结果，而不会有什么坏处。

运动项目多种多样，无论是团队运动（如踢足球、打篮球）还是个人运动（如跑步），你都可以选择。真的，没有任何借口可以让你不运动。实际上，许多人会聘请私人教练为他们制订家庭训练计划，以便在家就能系统地练习。

运动会让你感到更快乐、更强壮、更敏捷、更自信；能改善你的体态和大脑功能（如注意力）；让你睡得更好，休息得更充分；降低你的焦虑和压力水平；还能促进你与他人的社交联系……好处实在太多，根本说不完。所以你不要再拖延了。选择一项运动，确定好开始练习的日期，决定是独自练习还是与他人一起练习，然后，立刻将它纳入日程，行动起来。如果你从未运动过或已经很久没有运动了，最好先咨询医生或进行体检。寻找一位具备专业资质的健身教练（当前健身行业良莠不齐，选择时需谨慎），他会指导你如何安全地开始锻炼。

选择积极的想法

这一主题几乎贯穿全书。我们有能力自由地选择自己的想法。在我看来，人的思想与阿基米德原理有相似之处。你还记得阿基米德原理的内容吗？"浸在液体中的物体受到向上的浮力，浮力的大小等于它排开的液体所受的重力。"现在，让我们用这个原理来打个比方。想象一个水槽装满了水，你从孩子那里拿来一条小船，把它放入水中。小船浸入得越深，排开的水就越多。你的想法也是如此。你接纳的积极想法越多，那些消极的、令人不悦的想法就会被排挤出去。在这个比喻中，小船代表你选择的积极想法（可以不断添加），而被排出来的水则代表那些不受欢迎的消极想法。

拥有选择的权利是件好事，不要因为自己习惯选择消极想法而自责。我的一些患者会有这样的问题，他们常常说："是的，我知道，这是我的错，我只会往消极方面想。"这是荒谬的！你并未犯错，你正在努力改变现状，这就足够了。请尊重自己，对自己多些仁慈和耐心，并明白改变需要时间。因此，当你发现自己陷入消极想法或情绪不佳时，你可以试着添加更多的积极想法，但千万不要自责。要记住，自我批评只会伤害自己。

懂得宽恕，学会共情

你应该学会宽恕他人，更应该学会宽恕自己。怨恨会让你与所爱之人日渐疏远，甚至你会觉得全世界都对不起你。每个人都会犯错，你也不例外。你越对一个人怀恨在心，就越难与他和好。如果这个人值得交往，就与他沟通；如果不值得，就把过去放下，彻底忘记。别再纠结于过去的恩怨，别让复仇的念头消耗你的能量。

慢慢来，不要急于解决问题。每个人都有自己的节奏。你需要时间来了解自己的感受，思考清楚后再做出决定：要么停下来解决问题，要么放下过去继续前行。

懂得宽恕自己同样非常重要。请对自己更友善、礼貌、耐心一些，常常鼓励自己。你如何尊重别人，就应如何尊重自己。要学会灵活变通，每个人对自己的看法和评价往往会随着时间的变化而变化。允许自己犯错误，并为自己曾经的勇敢尝试感到高兴。

避免比较，拒绝自我评判

你是独一无二的，地球上没有任何一个人与你完全相同。你可能在某些方面（比如性格、品位、价值观、爱好，甚至是外貌和声音）与他人相似，但不可能一模一样。因此，与他人比较毫无意义，那些结论并不能为你提供太多有价值的信息。不要总是和他人比较，不要总是盯着自己的缺点不放，那只会让你感觉越来越糟糕。

如果你是一个父亲、母亲、老师或教练，请不要在你的孩子、学生或徒弟之间进行比较。辜负他人的期望是一件很痛苦的事情。请记住，如果你是独一无二的，那么你周围的人也同样如此。因此，应该找到一种方法来激励他们，帮助他们改正错误，而不是将他们与别人进行比较。

把时间花在关爱自己上

在生活中，很多事情需要我们关心。不过，我们也不能忽视自己，要学会关爱自己和享受生活。这并不是说一切都以自我为中心，而是提醒你不要总是把自己排在最后。当你扮演着雇员、父亲、母亲、朋友、儿子、女儿等各种角色时，你似乎不得不将自己的时间分配给其他人。但无论如何，也要为自己留出一些时间。

把时间花在自己身上是理所当然的，无须向任何人辩解或道歉。记住，这是你的权利。你有权过上充实、快乐、平静的生活，有权享受运动、旅游、社交，有权提升自己、发展事业，有权照顾自己、爱自己。我建议你将自己的权利写下来，并尽力确保这些权利得到尊重。

照顾好自己的身体

身体是你的铠甲、你的载体、你一生的依靠。只有照顾好它，你才会感到自己强大、敏捷、健康和愉悦。总之，你必须照顾好自己的身体，比如：合理安排饮食和休息时间，听从医生的建议，注意个人卫生，定期按摩，选择适合自己的护肤品和牙膏，以及加强锻炼。

身体和大脑都需要充足的营养。高脂肪、高糖分的垃圾食品虽然热量高，但营养价值很低。其实，健康的食物同样可以令人食欲大增，关键在于你要发挥创造力。不要总是局限于最经典的沙拉，否则很快就会感到厌倦。你可以尝试寻找最近流行的健康食谱，自己动手准备，然后尽情享用。不要成为一个只追求有机食品，去超市购买食品时过分检查标签的人。如今有一种新型症状被称为"健康食品痴迷症"，患者只吃他们自认为的健康食品，但这种偏执很容易让他们的身体出现营养不良。所以，我们摄入的营养要全面均衡。

要多喝水，这对你的皮肤、大脑及整个身体系统都有益处。我们确实需要水，尽管有时我们也喜欢喝果汁、咖啡等饮料，但它们并不能替代水。如果你总是忘记喝水，那么就找些方法来提醒自己，或者随身携带一瓶水吧。

保证充足的休息很重要，睡眠可以修复我们白天受到的损耗。严重的睡眠障碍往往会引发情绪问题，如紧张、抑郁等。不要忽视休息的重要性，你不是超人。因此，要像重视饮食一样重视睡眠。

关注自身的健康状况，比如定期体检，多留意家族病史。许多人不愿体检，一想到"要是查出来有问题"就感到恐惧。这是鲁莽和对自己不负责任的表现。早发现问题，有助于我们及时找到解决办法。若是发现得太晚，可能就无计可施了。

三思而后行

如果你感到自己的情绪经常失控，那么你要学会三思而后行。如果你感到自己有时候完全冷静不下来，那么就先去冲个澡、喝杯咖啡。头脑发热往往会给你带来伤害，它是冲动的催化剂。

你需要明白的是，你不需要立即对自己的愤怒或暴躁做出回应。这不是工作中的电子邮件，不需要即刻处理。情绪不好的时候，不妨给自己一点儿时间。我们不是受本能驱使的动物，我们有能力等待、反思并做出明智的决定。运用好这项技能，伺机而动。你知道头脑一热就采取行动是多么荒谬且无用，有时甚至会带来无法挽回的后果。所以每当你又要冲动行事时，就想想上次冲动行事给你带来的糟糕感受。然后，就静静地等待吧。

如果你很难控制住自己，就要提前思考，什么样的情况会让你失去理智。想想如何才能保持冷静，以及在烦躁升级时如何让自己放松一些，比如对自己说："冷静点，这是他们的想法，人家有权表达不同的观点。""在我们这座城市，堵车简直是家常便饭，何不放点音乐放松一下？""我儿子并没有那么让人抓狂，他只是比较爱玩手机而已。这个年纪的孩子都这样，我给他设定些限制就好了。"这样想会让你变得更有同理心。换位思考一下，如果你是前面的司机，而后面那个司机冲你狂按喇叭；如果你是那个通过玩手机释放压力的儿子，而你的妈妈对此怒不可遏；如果你是那个对产品不满意的客户，而对方根本没理解你的要求。身份不同，想法就会不同。不要因为别人有不同意见就认定他在反对你，你没有对手也没有敌人。所以，你要保持耐心并控制好自己的情绪。

当你想惩罚或批评一个人时，你要找到合适的时机向对方表达自己的观点或感受。表达时语气要坚定，同时传达出乐于倾听对方想法的态度。最重要的是，这一切都要在心平气和的状态下进行。

此时此刻的你很完美

如果将"完美"定义为想把事情做到最好的意愿，那你已然完美。你的初心是完美的，你的试错是完美的，你当下的状态是完美的，有太多事物本就完美。而最完美的，永远是此刻。当你全力以赴时，带着你独有的天赋、技能、热情、努力与专注，这个瞬间的你就是完美的。因为过去的事情无法改变，而你此刻已经倾尽所有，给出了自己能做到的最佳状态。或许你会懊恼"本可以表现得更好"，而那些遗憾恰恰能推动你不断前行，遇见更好的自己。所以要想突破自我，就该把目光投向未来，而非否定过去。

我们能探讨的唯有结果。结果或许不完美，是的，它过去不完美，未来也不会完美。这是因为结果永远存在优化的空间。今天让你骄傲的成果，明天就可能被自己的新成就超越——这正是成长最美妙的悖论。

人类生来完美，这是生命的本质，别让任何人用言语玷污这份神圣。自卑、自我怀疑、不停地与他人做比较、责备他人等，都会让我们离幸福越来越远。总有一些人对你说你还不够好，企图剥夺你快乐的权利。可真相是：你本自具足，你的存在本身就是奇迹。你呼吸的每一口空气，你感知的每一次晨昏，都在见证生命的伟大。当你决定自我突破时，所有成长都会成为生命的礼物——不是因为你必须变得更好，而是因为你本就值得更盛大的绽放。

保持幽默

幽默的好处不用多说：它可以释放内啡肽，降低人的焦虑水平；还能改善我们的免疫系统，减轻疼痛程度，并促进人际关系的和谐。我们通常也会觉得，幽默的人更有吸引力。

试着寻找有趣的东西，比如搞笑的电影，跟着它开怀大笑，你的心情也会随之改变。每个人的幽默感都是独特的，所以如果你发现别人都在哈哈大笑而自己没笑，也没什么奇怪的。不要拿自己和别人做比较，更不要认定自己没有幽默感。每个人的笑点都不同。

生活本身也有幽默的一面，不要闭上发现幽默的眼睛。有时候，我们把生活看得太严肃了。如果我们能更深刻地意识到眼下这一刻是多么短暂，就不会过得这么沉重了。说真的，当你回顾过往的经历时，你一定希望留下的都是充满欢笑的时刻。

以上 10 条建议揭示出了靠自己生活的秘诀。不必贪多，先挑一条来练习，等到养成习惯后，再训练下一条。终有一天，你会找到属于自己的生命节奏。当你学会为自己掌舵时，你便真正拥有了掌控人生的力量。

致谢

在此表达我的感激之情。

感谢所有信任我的人。感谢我的编辑卡洛斯·马丁内斯，他让我感到写书是一种自然而然的行为，没有匆忙，没有紧张，也没有压力。很高兴能与他合作。

感谢我的患者们，他们是我源源不断的灵感来源。没有与他们的交流，我就无法在心理学领域发挥创造力。他们成功地发掘出了我最有趣的一面。

感谢我的粉丝们，感谢他们的支持与厚爱。他们让我感到自己很有用，也很有价值。很高兴能够通过一条动态、一句话或一张与我家狗狗的合照，为他们的生活增添一些有意义的内容。

感谢我的家人，我的家人很有趣，也与众不同。他们让我拥有了开放的心态，学会了不轻易评判，懂得变通，能够适应各种情况，也几乎把一切都视为正常。最重要的是，我学会了尊重，是家人让我懂得了尊重的价值。

感谢我的朋友们，他们是我的宝藏。这句话我已经说过无数次了，但事实确实如此。我有幸体验到了友谊的美好。每当有患者和我讲起朋友之间的种种问题，比如不忠诚、嫉妒、蔑视，都会引起我的格外注意。虽然我和朋友们的友情也曾经历考验，但从来没有遇到过以上这些问题。我的朋友都是纯粹且真诚的人。

感谢所有给我机会传播热情的媒体：西班牙的国家电视台、《体育世界》、《马卡报》和《国家报》。

感谢大家！

帕特里夏·拉米雷斯·洛夫勒